信 頼 性 技 術 叢 書

機能安全の基礎と応用

自動車・鉄道分野を通して学ぶ

信頼性技術叢書編集委員会【監修】

伊藤　誠・金川信康【編著】

石郷岡祐・金子貴信・川野　卓・

平尾裕司・福田和良【著】

日 科 技 連

信頼性技術叢書の刊行にあたって

　信頼性技術の体系的図書は 1983 年から 1985 年にかけて刊行された全 15 巻の「信頼性工学シリーズ」以降久しく途絶えていました．その間，信頼性の技術は着実に産業界に浸透していきました．現在，家電や自動車のような耐久消費財はほとんど故障しなくなっています．例えば部品を買い集めて自作したパソコンでも，めったに故障しません．これは部品の信頼性が飛躍的に向上した賜物と考えられます．このように，21 世紀の消費者は製品の故障についてあまり考えることなく，製品の快適性や利便性を享受できるようになっています．

　しかしながら，一方では社会的に影響を与える大規模システムの事故や，製品のリコール事例は後を絶たず，むしろ増加する傾向にあって，市民生活の安全や安心を脅かしている側面もあります．そこで，事故の根源を断ち，再発防止や未然防止につなげる技術的かつ管理的な手立てを検討する活動が必要になり，そのために 21 世紀の視点で信頼性技術を再評価し，再構築し，何が必要で，何が重要かを明確に示すことが望まれています．

　本叢書はこのような背景を考慮して，信頼性に関心を持つ企業人，業務を通じて信頼性に関わりのある技術者や研究者，これから学んでいこうとする学生などへの啓蒙と技術知識の提供を企図して刊行することにしました．

　本叢書では 2 つの系列を計画しました．1 つは信頼性を専門としない企業人や技術者，あるいは学生の方々が信頼性を平易に理解できるような教育啓蒙の図書です．もう 1 つは業務のうえで信頼性に関わりを持つ技術者や研究者を対象に，信頼性の技術や管理の概念や方法を深く掘り下げた専門書です．

　いずれの系列でも，座右の書として置いてもらえるよう，業務に役立つ考え方，理論，技術手法，技術ノウハウなどを第一線の専門家に開示していただき，また最新の有効な研究成果も平易な記述で紹介することを特徴にしています．

　また，従来の信頼性の対象範囲に捉われず，信頼性のフロンティアにある事項を紹介することも本叢書の特徴の1つです．安全性はもちろん，環境保全性との関連や，ハードウェア，ソフトウェアおよびサービスの信頼性など，幅広く取り上げていく所存です．

　本叢書は21世紀の要求にマッチした，実務に役立つテーマを掲げて，逐次刊行していきます．

　今後とも本叢書を温かい目でご覧いただき，ご利用いただくよう切にお願いします．

信頼性技術叢書編集委員会

益　田　昭　彦

鈴　木　和　幸

二　川　　　清

まえがき

　情報技術の著しい進展によって，さまざまな領域において自動化が進むようになってきた．複雑なロジックで動作し，人間とも密接に関わり合うシステムにおいて安全を確保しようとするとき，そのシステムを人間から隔離するといったやり方は意味をなさない．安全を確保できても，そのシステムは使い物にならないだろう．むしろ，状況を監視し，状況に応じて必要な制御を行う，すなわち「機能で安全を確保」することが重要である．こうした意味での「機能による安全」としての，「機能安全」について，読者諸兄とともに学ぼうというのが，本書執筆の（少なくとも筆者にとっての）動機の一つである．

　今日では，「安全のことは安全の専門家に任せておけばよい」という時代ではなくなっている．この意味で，本書は，さまざまな分野，職種の技術者が知っておくべき機能安全についての基礎的な知識について，具体的な事例とともに学ぶことができるように配慮した．安全設計を専門的に行う技術者のみならず，要素技術の開発に取り組んでいる方々にも読んでいただければ幸いである．自分が開発している技術が安全にどう関わりうるかを知り，いかにして安全を確保しうるかを知ることによって，よりよい設計につなげていただければ，筆者らにとってこれ以上の喜びはない．

　さらに個人的には，自動化に係るヒューマンファクターの技術者にも本書を手に取ってもらいたいと考えている．機械・システムの側でできることには限りがある．だからこそ，多くの場合人間がシステムを監視するのである．ヒューマンファクターの専門家と機能安全の専門家とのコラボレーションが進むことが，より安全で，より便利なシステムの実現につながると信じている．

　本書では，具体的な事例として，自動車と鉄道の分野を取り上げた．自動車分野では，まさに運転支援や自動運転の開発が進む中，機能安全に関する膨大な取組みが行われている．一般消費財としての自動車の中で機能安全をどう取り扱っていくのかを知ることができる点で，自動車分野以外の方々にも多くの

気づきが得られるであろう.

　また鉄道分野は，大勢の乗客の安全を確保するという責任を負っており，求められる安全のレベルが文字どおり「桁が違う」. その中で，安全を確保しつつも，より高い利便性の提供に向けた取組みが続けられている. 鉄道分野からも，また新たな気づきが得られると確信している.

　実際，執筆者同士の議論の中でも機能安全に関する多くの気づきがあった. 機能安全という概念の奥深さ，それぞれの分野固有の事情による異なる発展の歴史など，まさにともに学ぶことができた次第である. 本書を手に取っていただいた皆様とも，このワクワク感を共有したい.

　本書は，機能安全に関する規格を解説するものではなく，基本的な考え方を知っていただくためのものである. 事例として自動車および鉄道分野を取り上げているが，生活支援ロボット，ドローンなど，一般の人々の生活に深く関わる機械・システムは今後多様さを増していくと考えられる. 本書のターゲットは，むしろこうした分野なのである.

　信頼性技術叢書編集委員会の益田昭彦先生，鈴木和幸先生，二川清先生には，本書を企画する機会を与えていただいたばかりではなく，企画立案から原稿の細部にわたる検討において多くの貴重な意見を賜りました. お礼の言葉が最後になってしまいましたが，この場をお借りして厚く御礼を申し上げます. ありがとうございました.

　おわりに，本書の執筆において，さまざまな示唆・助言をいただいた日科技連出版社の鈴木兄宏氏，石田新氏に心からの御礼を申し上げます.

　2022 年 7 月

著者を代表して

伊 藤 　 誠

目　　次

コ　ラ　ム

第1章

機能安全を学ぶにあたって

　安全に関する研究・開発を行っている人にとっても，機能安全は難しく，近寄りがたい印象をもたれることがある．固有技術の技術者であれば，なおさらであろう．

　この印象を払拭するために，第1章では，本書で機能安全について学ぶための準備として，まず安全に関わる事項についておおよそのイメージをつかむことをねらう．各用語の厳密な定義や説明については，第2章以降で与える．

1.1

安全の価値

　安全であることは，人が存続するうえでの大前提であり，あらゆる製品・サービスには安全であることが求められてきた．安全であることが当たり前で，安全であること自体が価値をもたらすということはなかった．この意味での安全は，品質二元論[1]でいう「当たり前品質」（それが満たされないと顧客は気に入らないと感じるが，満たされても当たり前に感じるだけ）である．例えば，自動車のハンドルが思うように操作できなかったらドライバーにとって恐ろしいことだが，自動車の誕生以来思うように操作できるのは当たり前で，そのこと自体は商品価値をもつわけではない．

　他方，今日の社会においては，安全であることの価値が異なる様相を呈し始めている．すなわち，より高い安全をもたらす製品・サービスそれ自体が商品としての価値をもち始めている．この意味での安全は，品質二元論でいう「魅力的品質」（それが満たされなくても仕方がないが，満たされると魅力を感じる）である．自動車のいわゆる自動ブレーキ（衝突被害軽減ブレーキ）は，前車との車間が急速に縮まって衝突目前の状況になったらシステムが自動的にブレーキをかけて衝突を回避もしくは衝突の被害を軽減させる．消費者はこの機能に魅力を感じ，対価を支払ってでも購入するわけである．

　このような状況を踏まえ，安全に関する議論を学ぶべき技術者の範囲が広がってきた．従来，安全の議論は安全工学の専門家集団によって閉じた形で行われることが多かった．安全に関わる技術は分野横断的な管理技術の一つとして，品質管理，信頼性と並ぶものであった．それが今日，情報技術の高度化に支えられ，魅力的品質を提供する要素技術として，安全に関わる技術が位置づけられるようになっている．

　こうして，多様な分野の技術者が安全に関わる議論を行えるようになる必要が生じている．今日の高度に情報化された製品・システムは，コンピュータを用いた制御によって安全確保をしている．言い換えるとコンピュータの機能に

安全確保をゆだねているということである．この意味において，今日の製品・システムは，「機能安全」に支えられている．だからこそ，技術者が機能安全を理解することの重要性が増しているのである．

1.2

情報通信技術と安全

　情報通信技術が「安全」に対して与えた影響は，私たちが思っている以上に大きい．例を挙げて考えてみよう．

　自動車の製造などに使われている産業用のロボットがある．こうしたロボットは強力なパワーをもつため，人が巻き込まれたりしたら大きなけがをしたり，場合によっては死に至ることもある．こうしたロボットを運用する際の安全確保として旧来行われてきた対応は，

　「ロボットが作動している間は，人間がロボットの可動域に立ち入ることができないように，物理的に柵などで囲ってしまう」

ことである．これに関連して，柵の内側には入り込めないようにするとか，柵が開いてしまったらロボットが自動的に停止するといった形にしておけば，人の安全は確保できると期待される．

　しかし，ロボットを人の日常生活の支援に転用しようとすると，安全確保のためにロボットを柵で囲うなどの産業用ロボットと同じ対応ができず，安全を確保できないということで実用化が不可能となってしまう．

　これに対し，「不安全な状況が発生したら，安全のための機能を働かせて安全を確保」したらよいではないか，ということは，技術者が本能的に考えることであろう．これを実現するためには，

- 今何が起こっているかを監視・診断する
- 診断結果に基づいて必要な制御を実行する

の2つの機能が必要となる．これらは，環境を監視するセンシングの技術だけではなく，診断した結果が本当に正しいかを確認する仕組みも含め，情報通信

技術に立脚して初めて実現することが可能である．生活支援のロボットや，自動運転の自動車を安全に運用できる見込みが出てきたことと，情報通信技術を用いて安全を確保するという技術体系が確立できてきたこととは無縁ではない．

　このように，安全を達成する監視装置などの付加機能をシステムに作り込み，その機能により安全を達成するというのが，機能安全の根底にある考え方である．

1.3

安全概念の複雑さ

　機能で安全を実現するのだ，といわれると，技術者としては急に不安に駆られる，という人もおられるであろう．センシングは常にうまくいくとは限らないし，制御の機構が壊れることもある．設計者の意図したとおりに機能がうまく作り込まれているか，めったに作動しない警報システムが必要なときに適切に作動するか，といったことには確信をもてないかもしれない．このように，100％安全だと保証できないとき，何を達成すべき目標と設定したらよいだろうか．このことは，「安全」をどう定義するかに関わる問題であり，「安全」をどうとらえるかは，長い間さまざまな論議が行われてきている．本節でごく簡単にポイントを押さえておくことにしよう．

1.3.1　危険と安全 ●

　安全(safety)は，人の生命と財産にもたらされる危害に関わることである．日々の生活にも関わるものであるため，ナイーブな理解でわかった気になってしまいやすいが，さまざまな意味を含みうる，複雑な概念である．

　安全の定義は分野・文脈によっても異なりうるし，歴史的にも紆余曲折を経てきている．安全の定義としては，例えば，「危害がないこと」であったり，「リスクが十分に低いこと」であったりする．本書での厳密な定義は第2章を参照してほしいが，今日では，「受け入れられないリスクがないこと」をもっ

て安全と呼ぶことが，学術的にも実務的にも多い．

なお，安全についてのいずれの定義においてもほぼ共通しているのは，「人への危害に対する否定」という面である[1]．このことが意味するのは，危害が発生する可能性は至る所にあり，努力して危害発生の可能性を除去していかないと安全は確保できない，ということである．比喩を使えば，安全な状態から危険な状態へは，あたかもエントロピーが増大するかのごとく，放っておけば一方的に変化していくものである．だからこそ，危険をいかにコントロールするかが，安全工学の分野では重要な論点となっている．

1.3.2 信頼性と安全性 ●

信頼性（reliability）と安全性（safety）はしばしば混同される．実際に重複もあるのであるが，主たる観点が異なるので区別して理解する必要がある．端的にいえば，モノが壊れないようにする工学的技術を扱うのが信頼性工学（reliability engineering）であるのに対し，モノが壊れても安全を阻害しないようにする工学的技術を扱うのが安全工学（safety engineering）である．このため，安全工学においては，故障しても安全を確保するための考え方と方法が議論の対象となり，具体的な方策としてフェールセーフ（fail safe）などの考え方がある．なお，フェールセーフは信頼性設計の主要なテーマの一つでもある（文献[2]）．

ただし，モノが壊れないとしても，安全が阻害されるということはありうる．自動車の事故でいえば，機械の故障で事故になるということはまれで，今や主たる原因は，安全不確認，漫然運転，運転操作不適といった人のエラーである（厳密には，これらは法令違反ではあるものの，意図的な速度違反などと異なり，ドライバーが意図せず犯してしまいうるエラーである）[3]．人間の不適切な操作が事故につながらないようにするためには，人の情報処理や操作の特性に即した対策が重要である．

---

1) 「…がないこと」をもって定義とする，というのが，他の概念にはない際立った特徴である．

人の認知，情報処理にかかる特性を研究する分野は，ヒューマンファクター（human factors）と呼ばれる[2]．安全工学は，ヒューマンファクターと密接な関係を有する．ヒューマンファクターでは，人の注意，記憶などのメカニズムの分析，およびそれらを踏まえたシステム設計の検討が行われる．また，操作にかかるミスやエラーへの対策としては，品質管理分野ではぐくまれてきたエラープルーフ化（フールプルーフ，ポカヨケ，などとも呼ばれる）の方法論がある．ヒューマンファクター，エラープルーフ化については，本書のスコープを外れるため詳しくは説明しないが，これらはシステム全体の安全を検討する際に除外して考えることはできない重要な事項である．興味のある読者は，文献[4]，[5]などを参照されたい．

1.3.3　マクロな安全とミクロな安全 ● ● ● ● ● ● ● ● ● ● ● ● ● ● ● ● ● ●

技術者にとって，製品・サービスの開発にあたっての一つの目標は，開発したものが安全であることを保証できるようにすることである．この意味において，安全の評価・確認においては，さまざまな危険に対して，起こるとしたらどの程度の危害が発生しうるのか，それはどれだけの可能性で起こりやすいのかを検討する．これらを総合的に「リスク」（risk）としてとらえ，そのリスクが十分に低いことが確認できたら，その製品・サービスは「安全だと見なす」．このときの安全は，当該製品・サービスの多様な使用状況を考慮に入れたという意味で，マクロな観点でとらえたものである．安全を保証するという場合，このマクロな観点でリスクが十分に低いことを指すことが多い．

他方，実際の設計・開発において，当該製品・サービスに求められる安全を達成するために，特定の文脈において「では具体的にどのような状態に落ち着く必要があるのか」を明確に定義することになる．このときの安全は，ある特定の使用状況，不具合の発生状況などを想定し，当該製品・サービスを「安全な状態」にいかにもっていくかを考えるという意味で，ミクロな観点でとらえ

---

2)　学問分野として，厳密にはヒューマンファクターズと呼ばれる．

たものである．

　どの観点で主に安全に取り組んでいるかによって，考え方や方法論が異なる場合があり，専門家同士でもコミュニケーションを取りづらいことがある．とくに，固有技術，特定の機能に関する安全の問題に関わっている場合に，マクロな観点での検討が抜け落ちてしまうことがあるので留意したい．

1.3.4　安全は客観的か

　1.3.3 項で，「安全だと見なす」と書いた．このことは，実は深い意味をもっている．安全の分野では，客観性を議論する際，よく「安心は主観的なもので，安全は客観的なものである」と対比される．もちろん，リスクは定量的・客観的に評価されるのであるが，そのリスクが十分低いかどうかの判断は主観的でしかありえないことに注意が必要である．例えば，ある特定の製品・システムについて，ある人・団体にとっては安全と認められるが，別の人・団体にとっては安全とは認められない，ということがありえる．

　したがって，リスクが十分低いか否かの判断を行う（その基準を定める）のは誰なのか，ということについても留意が必要である．製品・サービスを最終的に受容するのは消費者・受益者であるが，当該製品・サービスに直接関わる消費者・受益者，あるいはそれらが属する「社会」が，受容可否の判断をできないこともある．消費者・受益者が発注をする際に仕様を策定するのはむしろまれである．

　リスクの基準は，一般に，あらかじめ当局による規制あるいは業界団体による自主的な規制や標準によって定められる場合や，開発・販売側である自組織で定めるということも多い．その場合，「このレベルであれば社会の皆さんに受け入れていただけるであろう」というレベルを考え，そこからより安全側に設定した形で定められる．

　ここで技術者として認識しておくべきことは，そうして策定された基準は，実際の消費者・受益者の許容レベルと整合していることが「客観的に」保証されているとは限らない，ということである．

1.3.5 分野への依存性 ●●●●●●●●●●●●●●●●●●●●●●●

ミクロな観点での安全を議論するに際し，いかなる状態を安全と見なすかについて，分野によって考え方が異なりうることに留意が必要である．

例えば，各種の移動手段における「止まる」という状態について考える．鉄道であれば，「止まってしまえば安全」とよくいわれる．少なくとも，列車が止まっていれば，当該列車が車外にいる人に対して加害事故を起こすということはない．もちろん，止まった後の再出発の際にトラブルが発生するといったことはあるので，その意味で「止まってしまえば安全」はいささか言い過ぎのきらいもある．しかし，少なくとも止まり続けていれば加害事故は起こさない，という意味では，「止まっている」ことをもって安全な状態であると定義をし，故障などトラブルが発生したら，「とりあえず列車を止めるようにしよう」と考えるのは合理的である．

他方，自動車の場合は，「止まってしまえば安全」とは言い切れず，「止まっていれば加害事故は起こさない」とさえ言い切れない．実際，悪意(他の車の通行を妨害する意図)がある場合には，停車することがあおり運転として罪になることもある(自動車運転死傷処罰法[6])．あおり運転は極端すぎるとしても，鉄道と異なり，交通参加者が密にかかわり合う道路交通においては，止まるということが安全確保のために必ずしも適切な対応だとはいえないケースがさまざまに存在する．

また，船舶の場合，航行中に機関停止することは制御を失うことを意味し，航空機の場合，航行中に止まるということは墜落を意味する．

このように，分野によってどのような状態が安全かはさまざまである．第3章・第4章を読み進めるにあたり，安全な状態をそれぞれの分野でどのように定義しているのかに注意されるとよい．

1.3.6 安全概念のズレ ●●●●●●●●●●●●●●●●●●●●●●●●

一つの分野の中でも，(ミクロな意味で)何を安全とするかは異なってくる．

このことの理由の一つは，「安全の確保」を，各技術者の所掌ごとに行うことに起因する．例えば，自動車のエンジンでの場合，「とにかく機能を失わず，作動し続けること」がエンジンにとっての安全であり，「エンジンを止めればいい」，「エンジンに代わるバックアップ機能を搭載する」ということにはできない．他方，steer-by-wire のシステムでは，「とにかく機能を失わず，作動し続けること」を厳格に求めずとも，バックアップとして旧来のメカニカルなリンク機構が残っているならば，「steer-by-wire のシステムを停止させ，バックアップ機構が活用できる」ようにしておけば，ステアリングシステムとしての安全が確保できる．

　こうして所掌ごとに安全の概念が異なってくる場合には，総合的に車両として，あるいは運行においてどの程度安全が実際に確保されるのかということへの目配りを忘れないことが重要といえる．

1.4

リスク

　リスクは，安全よりもさらに多義的な概念であるが，安全工学の観点では，「危害の大きさと発生の可能性の積」としてとらえておけばおおむね問題ない．また，積にとらわれない「組合せ」として，危害の大きさと発生の可能性の2次元でとらえる柔軟な方式もある．

　リスクの評価においては，危害の大きさや発生の可能性を対数軸でとらえて，オーダ(桁数)で議論することが多い．このことと，リスクを危害の大きさと発生の可能性の積として定義することとには実にきれいな関係がある．不思議なことに，その「きれいな関係」は，当たり前すぎると思われているのかもしれないが，意外にも明示的に触れている書籍や文献は多くないので，あえて本節で一言述べておこう．

　リスクを R，危害の大きさを C，発生の可能性を P で表すとする．P は，生起確率(すなわち0から1の間の値をとる)ととらえてもよいし，単位期間(例

えば1年間)あたりの発生頻度ととらえてもよい．すでに述べているように，リスクは式(1.1)で定義できる．

$$R = C \cdot P \tag{1.1}$$

両辺の対数をとると，式(1.2)が得られる．

$$\log R = \log(C \cdot P) = \log C + \log P \tag{1.2}$$

ゆえに，式(1.3)が得られる．

$$\log P = \log R - \log C \tag{1.3}$$

式(1.3)は，**図1.1** に示すように，$\log P$ が $\log C$ の一次関数になっていることを意味する．図中の右下がりの直線はリスクが等しい(C, P)の組合せの集合である(リスクの等高線)．図中右上に向かってリスクは高くなっていく．

以上のことを踏まえて，次の2つのことが確認できる．

- リスクが同じならば，危害の大きさが1単位大きくなる(1桁大きくなる)と，発生可能性が1単位小さくなる(1桁小さくなる)．
- 同じ大きさのリスクは，右下がりの直線で示される．

興味深いことに，危害の大きさが1桁大きくなると発生可能性が1桁小さくなるということは，実社会においてしばしば観測される．例えば，いわゆるハインリッヒの法則では，大事故，中事故，小事故の割合が1：29：300として知られているが，1, 29, 300 という数値そのものに厳密な意味はない．むしろ，危害の大きさが1桁大きくなると発生可能性が1桁小さくなる，ということの

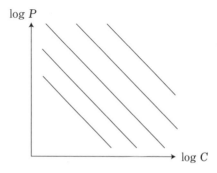

図1.1　リスク(R)とP, Cとの関係

一つの証左と受け止めるのがよい．

　また，例えば，原子力分野において確率論的リスク評価(Probabilistic Risk Assessment：PRA)を初めて行った，いわゆるラスムッセン報告(Rasmussen Report)でも，各分野においてリスクは同じレベルにある(1つの右下がりの直線で表される)ことが多いことが示されている(第2章参照)．分野ごとにリスクは異なるのだが，いずれの場合でも，事故の大きさと発生頻度を結んでプロットすると直線状になる．何より，すべての分野を合わせた結果において，その直線さは際立つ．つまり，大まかに，現実社会は「ある一定のリスク」にある，といえる．人間社会全体としては，リスク管理の自己統制が知らず知らずのうちに実現されているといえるのかもしれない．

　こうしたリスクの特性は，製品安全のマネジメントにおいて活用されている．医療機器の安全を管理するために開発されたリスクマップ[7]は，まさにそうである．右下がりの直線上の領域を基本的に同一のリスクレベルと考えていることがわかる．本書でも，こうしたリスクマップは何度も出てくるので，この考え方をあらかじめよく理解されたい．実際，機能安全では，SIL(Safety Integrity Level)という考え方が用いられているが，SILの考え方はリスクマップのそれと軌を一にしている．

1.5

安全のための手段：冗長化と多重防護

　安全を確保するためのアプローチとして重要なものに，多重防護がある．多層防護，深層防御など，分野などに応じてさまざまな用語が当てられることがあるが，元の英語は defense in depth で同一である．

　多重防護とは，危険源(hazard)が，危害(loss)をもたらすことにならないように，防護を設けるが，個々の防護は必ずしもそれ単独では危害発生を食い止めることができないことから，複数の防護を設定するものである．

　例えば，原子力発電プラントにおける安全確保は，この多重防護の考え方に

依っている．すなわち，

- 異常の発生を未然に防止する
- 事故への拡大を防止する（止める）
- 事故の影響を少なくする（冷やす，閉じ込める）

の3つの観点からの防護を設定している[3]．

原子力分野の例からわかるように，多重「防護」といっても，物理的に隔離する「壁」だけをいうのではない．個々の「防護」には，防護壁など物理的なものに加え，インターロックなどの機構や，そもそも不安全な事象が生じづらいシステム設計にすることを挙げることができる．また，広い意味では，人間の誤った行動を抑制するための警報・警告などの表示や，人間の誤った行動を起こさせないためのルールなども含めて考えることができる．このように，事故にならない，あるいは事故が発生したとしてもできるだけ影響が小さくなるような[4]方策を総称して防護と呼んでいる．

多重防護は，その多重性により，あたかも事故は絶対に起こらないかのような錯覚をもたらしやすい．しかし，もともと，個々の防護が完ぺきではないからこそ，多重に防護を設定するのである．

イギリスの心理学者 James Reason は，個々の防護の不完全さに注目し，その防護の不完全さを「スイスチーズに空いている気泡（穴）」に見立て，スイスチーズモデルとして提案している[8]．スイスチーズモデルでは，一つひとつの防護は穴だらけだが，全体を通してみると互いの防護が補完して事故は防がれていると考える．また，これらの「穴」はダイナミックで，空いたり閉じたりし，すべての防護で穴がそろって貫通すると事故が発生する，と考えるものである．スイスチーズという見立ては単なるメタファーにすぎないが，「多重防護」という華麗な響きが与える幻想に対する戒めとして，重要な考え方であ

---

3) 類似の考え方は，エラープルーフ化の原理（排除，代替化，容易化，異常検出，影響緩和）にも見出すことができる．

4) 被害の拡大を遅らせることにより，時間を稼いで避難をしやすくするという効果もありうる．

る．さらにいえば，軍事用語での defense in depth の場合は，個々の防御で攻撃を完全に食い止めることはもともと想定されず，個々の防御はあくまでも時間稼ぎでしかないという．

　なお，防護を複数設定することと密接な関係にある，冗長性(redundancy)について言及しておこう．冗長化は，システムの信頼性を向上させる方策としてよく用いられる．アイテムを二重で並列化すれば，それだけで信頼性は高まる．2つのアイテムの信頼度をそれぞれ R_1, R_2 とすれば，全体の信頼度 R は，

$$R = 1 - (1 - R_1)(1 - R_2)$$

で与えられる．$R_1 = 90\%$, $R_2 = 90\%$ とすれば，

$$R = 1 - (1 - 0.9)(1 - 0.9) = 0.99$$

という具合である．それがゆえに，多重化・冗長化を手厚く施したシステムが事故に至る可能性は「100万年に1回」というような，途方もない数値として算出されることも珍しくない．

　それにもかかわらず，現実には，とても100万年に1回とはいえない頻度で事故が起こっている．その理由の一つとして，共通原因故障(Common Cause Failure)がある．信頼度の計算は，多くの場合個々のアイテムの故障が独立して生起することが仮定される．それがゆえに，複数のアイテムが同時に故障することはめったに起こらないことと見なされるわけである．これに対し，共通原因故障が起こると，個々のアイテムが独立に故障するという仮定が崩れる．

　東日本大震災において，原子力発電所にはさまざまな防護が準備されていたが，津波による浸水で非常用発電設備が故障したことにより軒並み機能を失ったことは，共通原因故障の例である．

　共通原因故障と似たものとして，1つの故障が次の故障につながるカスケード故障というものもある．これも，独立性の仮定を崩す．

　多重防護にはさまざまな文献があるが，文献[8]などを参考にされたい．

1.6

機能安全の位置づけ

そもそも，本書のように「機能安全」をことさらに取り上げ，議論しなければいけないのはなぜだろうか．その理由は，機能安全は安全確保のための一つの考え方に過ぎないということにある．機能安全は有用な考え方であるのは間違いないが，それだけで安全確保のために十分だというわけではない．

安全を実現するための考え方としてよく行われる分類に，本質安全と機能安全の区別がある．本節では，これらを対比させて説明してみよう．

1.6.1　本質安全とは？ •

製品・サービスに不安全さが内包されているとすると，そこで安全を確保するためには当事者たる人間が対応することが重要な役割を担う．しかし，「誤るは人の常」(To err is human.)といわれるように，人の手で安全を確保するのは限界がある．そこで，安全の確保は人の行動に頼るのではなく，本質的，原理的に安全が確保されるような仕組み，設計にしておくべきであると考えられるようになった．そのための考え方が，本質安全である．

道路交通を例にとり，交差点の出会い頭事故を考えてみよう．縦・横に交わる 2 つの道路を立体交差にすれば，そもそも出会い頭に 2 台の車両が衝突するという可能性を除去できる．こうすれば，本質的に，安全が確保できるであろうということである(第 2 章参照)．

このように，可能な限り本質安全を図ることが基本的に重要と考えられている．

1.6.2　本質安全と機能安全 •

本質安全は，安全確保のためには有用であるが，現実には，本質安全ですべての問題が解決するわけではない．交差点の例でいえば，立体交差で本質安全化できるとはいっても，すべての交差点でそれを実施できるわけでもない．

システムに，安全を確保するための機能を加え，この機能によって安全を実現するのが機能安全（functional safety）の基本的な考え方である．交差点の例でいえば，立体交差を作り込む代わりに，信号という車両の流れをコントロールする機能をシステムの中に加え，この機能により安全を図ることが，機能による安全といえる．

なお，「本質安全でカバーしきれないものを仕方なく機能安全で補う」というわけではない点に留意をされたい．情報技術に立脚することによって，従来では思いもよらないほどの高度なシステムの運用ができるようになるという意味で，機能安全は積極的な価値を有するのである．

例えば，自動車の運転でいえば，単に事故を起こさないようにすることだけを考えるならば，歩車分離を徹底し，交通参加者同士が接触の機会をもたないようにすればよい．しかし，このような考え方の下で作られた交通社会は，街を分断し，人の流れを阻害する，不便さを伴うものである．こうしたことへのアンチテーゼとして，歩行者と自動車とが対等な立場で移動する場としてshared space という考え方も生まれている[9]．今のところ，shared space は，そこにいる交通参加者（歩行者，ドライバ）がそれぞれに注意をすることによって結果的に不安全になる可能性が高まらないことをねらっている．しかし，これでは結果的にたまたま事故が増えないということが起きるとしても，安全であることを「保証」するものとはならない．これに対し，shared space に参加する自動車が状況を監視し，制御することによって事故を回避する仕組み，すなわち機能安全を取り入れ，この機能によりリスクが十分低いと判断できれば，今までにない新しい道路交通が実現することになる．

なお，安全を確保するための考え方としては，本質安全・機能安全の区別にとどまらず，より詳細な分類もありうる．詳しくは，佐藤[10]などを参照されたい．

1.7

機能安全が難しそうに見えるのはなぜか

1.7.1 国際規格 ●

　安全やリスクに関する概念，リスク管理の方法論は，現在のところ国際規格における定義や記述が重要な役割を果たしている．概念を理解するために，よくも悪くも国際規格を参照せざるをえないのであるが，規格書は教科書ではなく，わかっている人だけがわかるという面がある．国際規格の動向を正しく把握したうえで，学術的に重要な点を平易に説明する書物は少ない．

　また，国際規格としては，故障に対する安全，故障以外の事象に対する安全，といった具合に，カバーする範囲が異なる複数のものがあり，機能安全との関係がわかりづらくなっている．規格の開発は，既存の規格との重複がないようにということに注意しながら行われるため，規格間の重複や矛盾に悩まされることはない反面，機能安全を学ぶ初学者にとっては関連する規格が無秩序にあちらこちらにあるように思えて，全体像をつかむのは容易ではない．

1.7.2 何に対する安全の確保か ● ● ● ● ● ● ● ● ● ● ● ● ● ● ● ● ●

　何かあったときに機能で安全を確保する，というのが機能安全の基本的な考え方である．しかし，その「何か」というのが，規格によっては「機器の故障」に限定している場合があり，これが混乱の一要因ではないかと考えられる．機器の故障とは，その製品・システムがもつ機能に不具合が生じたことであると考えると，機能安全が「製品・システムが提供する価値に関する機能の不具合があるときの安全確保の方法論」であるかのように見えてしまう．

　「機能による安全」を扱うのが機能安全である，という理解の軸を失わないようにされたい．

1.7.3 分野による違い ●

機能安全を具体的にどう実現するかは，分野の特性によって，求められている安全とそのレベルなどが異なるため，考え方やアプローチにも微妙な差異がある．分野ごとの差異は，それぞれの分野がもつ歴史的経緯にも依存するものである．機能安全を深く理解するためには，それらの歴史を正しく知ることも重要である．

本書では，上記の問題意識に基づき，機能安全の基本的な考え方と，各分野での具体的な取組みについて理解できる工夫をしている．第2章において機能安全に関する全般的，共通的な事項についての厳密な理論を説明する．第3章では自動車，第4章では鉄道の各分野における機能安全について解説するとともに，それぞれの特徴，違いを明確にする．

コラム

機能安全における情報理論の役割

第2章以降を読むとわかるように，機能安全を深く正しく理解するためには，情報科学・情報工学の知識，中でも情報理論・符号理論の知識が不可欠である．コンピュータ内部で数値として表現された（符号化された）データの記憶・伝送においてはノイズなどによって誤りが発生しうる．そこで，発生した誤りを検出したり，あるいは自動的に訂正するためのさまざまな方法論が提案され，実用化されている．

なお，情報理論について学びたい読者は，文献[11]などを読むとよいだろう．

第1章の引用・参考文献

［1］　狩野紀昭・瀬楽信彦・高橋文夫・辻新一：「魅力的品質と当り前品質」，『品質』，Vol.14，No.2，pp.39-48, 1984 年.

［2］　真壁肇・鈴木和幸：『品質管理と品質保証，信頼性の基礎』，日科技連出版社，2018 年.

［3］　内閣府：「令和3年度交通安全白書2022」

［4］　日本ヒューマンファクター研究所編，桑野偕紀・堀本由紀子・塚原利夫・本江彰・前田荘六・渡辺顕・渡利邦宏：『品質とヒューマンファクター』，日科技連出版社，2012 年.

［5］　中條武志：『日常管理の基本』，日科技連出版社，2021 年.

［6］　自動車運転死傷処罰法

［7］　日科技連 R-Map 研究会編著：『R－Map 実践ガイダンス』，日科技連出版社，2004 年.

［8］　ジェームズ・リーズン著，塩見弘監訳，佐相邦英・高野研一訳：『組織事故』，日科技連出版社，1999 年.

［9］　B.Hamilton－Baillie："Shared space：Reconciling people, places and traffic", *Built Environment*, Vol.34, No.2, pp.161-181, 2008.

［10］　佐藤吉信：『機能安全の基礎』，日本規格協会，2014 年.

［11］　甘利俊一：『情報理論』，ダイヤモンド社，1970 年.

第2章

機能安全と背景

　機能安全とは，監視装置や防護装置などの付加機能により許容可能なまでにリスクを低減する方策であり，安全を実現，確保する安全方策の一つである．ここで「機能」とは「動作上，性能上」という意味で，「機能安全」とは，「動作，性能上で実現された安全」を意味し，システムを構成する個々のサブシステムのみの安全性にはこだわらず，対象とするシステム全体としての安全を対象とするアプローチである．機能安全規格 IEC 61508 は電気，電子，コンピュータ制御で構成されているものを対象にしているため，従来の機械安全の範囲にとどまらず，さらに高機能，高性能でインテリジェントな制御システムを実現できる可能性を秘めている．

　本章では，まず機能安全そのものについて述べた後に，機能安全を取り巻く考え方として，用語の説明，標準化団体，規格体系，機能安全規格の概要，そして将来展望について述べる．

2.1

機能安全とは

　機能安全とは，監視装置や防護装置などの付加機能によるリスク低減策であり，安全を実現，確保する安全方策の一つである．人間，財産，環境などに危害を及ぼすリスクを，監視装置や防護装置などの付加機能により，許容可能なまでに低減する方法の一つである．

　「機能」の原語の"functional"（語源はラテン語の"functio"）は，「動作上，性能上」という意味であり，また，"functional safety"すなわち「機能安全」とは，「動作，性能上で実現された安全」という意味であって，対象とするシステム全体としての安全が対象で，システムを構成する個々のサブシステムの安全性にはこだわらない．ちなみに，中国語では「効能安全」と呼ばれている．これに対して，リスク要因そのものを排除するアプローチが「本質安全」である．

　両者の違いについて，第 1 章で述べたように，道路と鉄道が交差する踏切は事故発生のリスクがあるので，立体交差にして踏切をなくすアプローチが「本質安全」であり，踏切に警報機，遮断機をつけるアプローチが「機能安全」であると例えられることが多い．中には，立体交差も車両や障害物の落下を考えると「本質安全」でなく「機能安全」であるという説もある[1]．機能安全規格 IEC 61508 は第 1 版（Edition 1）が 1999-2000 年に制定された規格で，第 1 章 p.11 で述べたが，安全レベルを表 2.1 に示すように SIL（Safety Integrity

表 2.1　SIL（Safety Integrity Level, 安全度水準）

「低頻度作動要求モード運用」の場合

SIL	作動要求されたときの機能失敗確率
4	10^{-5}以上10^{-4}未満
3	10^{-4}以上10^{-3}未満
2	10^{-3}以上10^{-2}未満
1	10^{-2}以上10^{-1}未満

安全機能の作動要求頻度が 1 年に 1 回以下

「高頻度作動要求または連続モード運用」の場合

SIL	1 時間あたりの危険側失敗確率
4	10^{-9}以上10^{-8}未満
3	10^{-8}以上10^{-7}未満
2	10^{-7}以上10^{-6}未満
1	10^{-6}以上10^{-5}未満

出典）　JIS C 0508-1：2012「電気・電子・プログラマブル電子安全関連系の機能安全－第 1 部：一般要求事項」，表 2・表 3 に筆者追記．

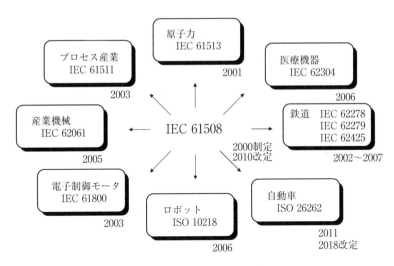

図 2.1　個別製品安全規格

Level, 安全度水準) 1 ～ 4 と規定していることで知られている．なお，安全レベルは自動車分野では**第 3 章 p.81** で述べるように ASIL (Automotive Safety Integrity Level) A ～ D で表され，鉄道分野では**第 4 章 p.141** で述べるように SIL で表される．詳細はそれぞれ参照されたい．IEC 61508 の制定を受けて，**図 2.1** に示すように各分野ごとの C 規格(個別製品安全規格)が制定されている．本書ではこれらのうち，自動車に関する機能安全規格 ISO 26262，鉄道に関する RAMS (Reliability, Availability, Maintainability, Safety) 規格 IEC 62278，IEC 62279，IEC 62425 他を例として取り上げて紹介する．

2.2

安全と信頼性

2.2.1　安全 ●

　安全とは，ISO/IEC Guide 51：2014 によれば，「許容不可能なリスクがないこと.」と定義されており，さらにリスクとは「危害の発生確率及びその危害

の度合いの組合せ.」と定義されている.ここで,発生確率には,ハザード(危害の潜在的な源,またはその状態(hazardous situation)への曝露,危険事象(危害を引き起こす可能性がある事象)の発生,および危害の回避または制限の可能性を含み,発生確率には危害の潜在性,可能性を含む.

　従来の機械安全の概念では,人体にとってのハザードとは人体に危害を与える可能性のある外力やエネルギーの源であり,危険事象とは人体に危害を与える可能性のある外力やエネルギーを与える事象と考えられ,これらの源や事象から人体を遠ざけることが基本的な対策であった.しかし人類が高速で移動する手段を獲得した現代では,そもそも人間が高速で移動しているときには人体が運動エネルギー $mv^2/2$ を有しているため,人体自身が高速で移動している状態をハザードと考え,いかに過大な加速度や衝撃を加えることなく,安全に,そして確実にその運動エネルギーを減ずるかを論じるべきである.また医療機器においても,電気メスや AED のように人体に外力やエネルギーを与えることが本来の機能であるので,過大な外力やエネルギーを与えることなく,適正な外力やエネルギーを与えることが課題となる.

　以上のように,リスクとハザードの捉え方は適用分野により大幅に異なってくることがわかる.

　現時点では,機能安全の国際規格である IEC 61508 でも,ハザードの定義は機械安全分野とほぼ同一であるが,鉄道分野や航空宇宙・防衛分野での新しい安全コンセプトでは,前述の背景から機械安全とは異なり,危害が潜在する状態(hazardous situation)もハザードとしている.

　なお.各規格の位置づけなどについては **2.3節**を参照されたい.

2.2.2　信頼性 ●●●●●●●●●●●●●●●●●●●●●●●●●●●●●●●●●●

　英語で Reliability と呼ばれている概念は,日本語では定性的性質を表す「信頼性」と,定量的尺度を表す「信頼度」と区別して使われている.「信頼性」とは,JIS Z 8115:2019「ディペンダビリティ(総合信頼性)用語」によれば,「アイテムが,与えられた条件の下で,与えられた期間,故障せずに,要求ど

おりに遂行できる能力」と定義され，さらに「信頼度」については，「与えられた条件の下で，時間区間 (t_1, t_2) に対して，要求どおりに機能を遂行できる確率」と定義されている．

2.2.3 ディペンダビリティ ●

ディペンダビリティとは、フォールトトレランス技術の扱う Reliability と

コラム

ディペンダビリティ

　Dependability と Reliability について，Reliable と Dependable の違いを卑近な例でたとえれば，お酒を飲んでも酔わない人は"reliable"，さらに酔った人を介抱してくれる人は"dependable"といえる．

　定量的尺度である「信頼度」も定性的性質である「信頼性」も，英語では同じ Reliability という用語を用いているから，Dependability という用語を新たに使用する必要が出たのではないかと思う．実は，日本語では、もともと両者を区別しており，「信頼性」には英語で言う Dependability という意味がすでに込められていたのではないかと思う．現在日本では Dependability は「総合信頼性」と訳されている．

　こうした動きを受けて，各種研究会などの名称に Dependability や Dependable という単語が使われている．

　「ディペンダビリティ」の提唱者である Dr. J.C. Laprie は 2010 年 10 月 16 日夜永眠された．ご冥福をお祈りする．博士の業績を称えるために Dependable Computing に関する理論や実践に大きな影響を与えた論文を表彰する The Jean-Claude Laprie Award が制定されている．

　https://www.dependability.org/?page_id=450

いう意味が多岐にわたってきたため，単に Reliable（信頼度が高い，故障確率が低い）という意味だけでなく，可用性，安全性，ロバスト性，さらにはセキュリティなどの概念までを含む非常に広い意味での「信頼性」を指す用語として，1985 年に Jean Claude Laprie が提唱したものである[2]．これを受けて，今日までに各方面で Dependability，Dependable という言葉が使われてきている．日本語では「総合信頼性」と呼ばれている．

ディペンダビリティは非常に広い概念を含む言葉であるが，それゆえに使う人や組織によっても微妙に定義が異なる．IEC 60050-191，192 Ed.1 によれば，「信頼性，アベイラビリティに加えて保全性等を含む概念」としており，IFIP WG.10.4 などでは，「信頼性・アベイラビリティに加えてセキュリティを含む概念」としている[3]．

2.2.4　アベイラビリティ ● ● ● ● ● ● ● ● ● ● ● ● ● ● ● ● ●

アベイラビリティ（Availability）とはシステムが継続してサービスを提供できる能力（定性的性質）やその度合い（定量的尺度）を意味する．日本語では特に定性的性質を「可用性」，定量的尺度を「稼働率」と呼ぶことがある．

定量的尺度（稼働率 A）はシステムのミッション時間中のサービスを提供できる時間の割合と定義され，以下の形で表される．

$A = MTBF/(MTBF + MTTR)$

MTBF：Mean Time Between Failure(s)

MTTR：Mean Time To Restoration

なお，ここで MTBF の意味を定義どおりに解釈すると，図 2.2 の①に示すように，故障した時点から次に故障した時点までの時間間隔となるが，実際には②に示すように修理が完了した時点から次に故障した時点までの時間間隔とすべきである．さもないと，修理に時間がかかって MTTR が長いシステムでも，稼働率 A は常に 100% となってしまう．このような誤解や混乱を避けるために，MTBF を特に Mean Operating Time Between Failure(s)（MOTBF）と記す場合もある．

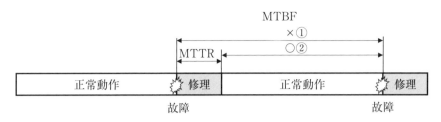

図 2.2　MTBF の定義

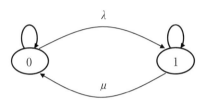

図 2.3　マルコフモデル

　また，修理を伴う複雑なシステムは，**図 2.3** に示すように，マルコフモデル
で表されることが多い．例えば，図 2.3 では状態 0 が正常な状態，状態 1 が故
障状態で，両状態の間をシステムは故障率 λ，修理率 μ で遷移する．ここで
は簡単にするために単純な状態遷移を示したが，実際のシステムではさらに複
雑な状態遷移を有する場合が常である．

　ここで，システムが時刻 t において状態 0，1 にある確率をそれぞれ $P_0(t)$，
$P_1(t)$ とし，確率の変化率（第 1 次導関数）を考えると，式 (2.1)〜式 (2.3) の連立
微分方程式が得られる．

$$P'_0(t) = -\lambda P_0(t) + \mu P_1(t) \tag{2.1}$$

$$P'_1(t) = \lambda P_0(t) - \mu P_1(t) \tag{2.2}$$

$$P_0(t) + P_1(t) = 1.0 \tag{2.3}$$

初期値を $P_0(0) = 1.0$，$P_1(0) = 0.0$ として連立微分方程式を解くと，

$$P_0(t) = \{\mu + \lambda \exp[-(\lambda + \mu)t]\} / (\lambda + \mu)$$

が得られる．

　ここで，$P_0(t)$ は時刻 t における修理系の稼働率（瞬間稼働率）を表し，$\mu = 0$
とおくと，

$$P_0(t) = \exp(-\lambda t)$$

となり，非修理系の信頼度と一致する．

　また，式(2.1)～式(2.3)において $t \to \infty$ とすると，システムは平衡状態となり差し引きで見かけ上の状態遷移は発生しなくなるため，$P'_0(t) = P'_1(t) = 0$ すなわち式(2.1)・式(2.2)の左辺 = 0 とおくことができ，式(2.1)～式(2.3)を連立させると，稼働率の終端値(定常解)，

$$P_0(\infty) = \mu / (\lambda + \mu)$$

が得られる．

2.2.5　フォールト（fault），故障の分類 ● ● ● ● ● ● ● ● ● ● ● ● ●

　フォールトは，その継続時間によって以下の3つに分類される．

・一時的フォールト（transient fault）

　一度だけ発生し，消滅するフォールト．ノイズによる誤動作，宇宙線によるソフトエラーなどがある．

・断続的フォールト（intermittent fault）

　一時的な障害が繰り返されるフォールト．コネクタの接触不良などが考えられる．

　また，アレニウス過程で悪化する故障の永久障害となる前の予兆と考えられる場合もある．

・永続フォールト（permanent fault）

　修復されるまで存在し続けるフォールトである．

　また，故障はその因果関係によって以下の3つに分類される．

・独立故障

　他の故障と因果関係のない故障．

・従属故障

　他の故障と因果関係のある故障で，以下の2つに分類される．

1)　カスケード故障（Cascading Failure）

　一方の故障が原因となり他方の故障が引き起こされる故障．

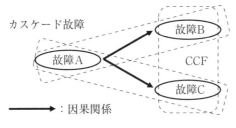

図 2.4　従属故障（カスケード故障, CCF）

2)　CCF（Common Cause Failure：共通原因故障）

　　共通の原因により引き起こされる複数の故障.

図 2.4 において, 故障 A と故障 B, 故障 A と故障 C はカスケード故障であり,

コラム

因果関係と相関関係

　因果関係と相関関係は混同されることが多いので注意が必要である.

　例えば「アイスクリームが売れるとビールが売れる」という関係は, たとえアイスクリームのバーゲンセールをしても, それによってビールが売れるわけではないので, 相関関係があっても直接の因果関係はない.「ビールが売れると枝豆が売れる」という関係は, 因果関係ともいえ, スーパーなどではビールとセットで枝豆やおつまみなどが置いてあったりもする. しかし, ビールとセットでアイスクリームが置いてあるのは見たことがない.

　「気温が上がるとアイスクリームが売れる」,「気温が上がるとビールが売れる」という関係はそれぞれ相関関係はもちろんのこと, 因果関係も見られる. また CCF と同様に,「アイスクリームが売れる」,「ビールが売れる」という事象は,「気温が上がる」という事象を共通原因としている.

故障 B と故障 C は CCF である．CCF の場合，故障 A は顕在化せずに潜在している場合もある．

2.2.6　高信頼システムの類型 ●

従来より，高信頼システムはダイバーシティ（多様化）と冗長化により実現されている．

（1）　ダイバーシティ

ダイバーシティには，冗長化したサブシステムを離れた場所に配置する空間ダイバーシティ，冗長な処理を異なるタイミングで実行させる時間ダイバーシティ，冗長化したサブシステムの設計を多様化する設計ダイバーシティがある．

空間ダイバーシティは，微視的には宇宙線によるソフトエラー，巨視的には自然災害による物理的破壊などに有効な手段である．前者はハードウェアの冗長化ともつながりが強く，後者はデータセンターや製造拠点を離れた場所に設置する方法などが広くとられている．

時間ダイバーシティは宇宙線によるソフトエラー，外来ノイズによる誤動作などの過渡障害対策に有効な手段である．特にクロックに同期して動作するマイクロプロセッサでは，クロックの立ち上がりでデータを取り込んで動作をするため，クロックの立ち上がり前後のセットアップ時間，ホールド時間の間（ノイズセンシティブウィンドウ）の外来ノイズにより誤動作が引き起こされる．そのため，冗長化したプロセッサの動作タイミングを半クロックまたはその奇数倍ずらしてノイズセンシティブウィンドウの時間間隔を最大にする最適時間ダイバーシティ方式[4]が有効である．

設計ダイバーシティは設計上の不具合対策に有効な手段で，特に n-Version Programming[5]などの手法が広く知られている．

(2)　冗長化

　冗長化にはハードウェア，ソフトウェア，時間(実行)領域での冗長化が挙げられる．以下にハードウェアに関する各種冗長化方式について述べる．

1)　待機冗長方式

　待機冗長(Stand-by Redudancy)とは，システムを構成するサブシステムを図 2.5 に示すように 2 つ(以上)用意し，診断結果によりそれらの出力を切り替える方式である．比較的低コストで高い信頼性，可用性を実現できることから高可用(HA：High Availability)システムに多用されている．ただし，得られる出力の正しさ(安全性)は診断のカバレッジ(検出率)に大きく依存する．

2)　多数決冗長方式

　多数決冗長(Voting Rundancy)とは，システムを構成する同一機能のサブシステムを図 2.6 に示すように複数用意し，それらの出力の多数決をとる方法で

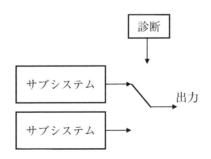

図 2.5　待機冗長方式

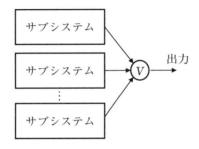

図 2.6　多数決冗長方式

ある．多数決すなわち出力データの一致をもって出力を選択するため，得られる出力の正しさ(安全性)は高く，ライフクリティカルな用途に多用されている．ただし，原理的に多数(例えば三重系では2つの)のサブシステムに障害が発生すると，たとえ残り1つのサブシステムが正常であったとしても多数決が成立せず，正しい出力を得ることはできないため，待機冗長方式よりも可用性は低くなる．

3)　ハイブリッド冗長方式

ハイブリッド冗長(HMR：Hybrid Modular Rundancy)とは，多数決冗長システムを構成するサブシステムの他に，**図2.7**に示すように予備のサブシステムを設ける方法である．予備のサブシステムを有する分，信頼性，可用性を高めることができ，多数決に基づき出力選択しているため出力の安全性も高い．待機冗長と多数決冗長の長所を合わせもつことからハイブリッド冗長と呼ばれる．

4)　Adapting Voting 方式

ハイブリッド冗長の他に，以下に示す Self-Purging Voting, Step-wise Negotiating Voting などの Adaptive Voting(適応型多数決)方式が提案されている．

①　Self-Purging Voting 方式[6]

Self-Purging Voting とは，**図2.8**に示すように冗長に用意されたシステムを構成するサブシステムのうち，正常と見なされたサブシステムだけが多数決に参加し，異常と見なされたサブシステムは多数決から除外される方式である．多数決に参加するモジュールの数がハイブリッド冗長では固定であるのに対して，Self-Purging Voting では可変であるという違いがある．入力数が可変である多数決回路の実現方法が課題で，論理回路で実現する場合には回路規模が大きくなり多数決回路自体の故障率(信頼性)が問題となる．アナログ回路やスイッチドキャパシター回路により多数決回路を実現することが考えられる．

②　Step-wise Negotiating Voting 方式 [7]

Step-wise Negotiating Voting(SNV 方式)は，冗長に用意されたサブシステ

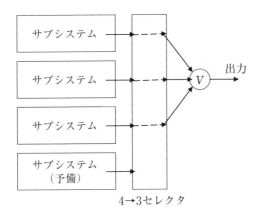

図 2.7　ハイブリッド冗長方式

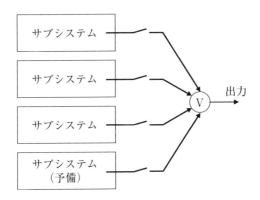

図 2.8　Self-Purging Voting 方式

ムでの自己チェック結果とデータ照合結果に基づき，**図 2.9** に示すように各サ
ブシステムが出力するデータの信頼性 R_d を各サブシステムにおいて見積もり，
その結果に基づきセレクタが出力を選択し，その結果を多数決回路に入力する
方式である．3 つのセレクタ出力を生成する回路を独立して実現すれば，実質
的にセレクタも冗長化することが可能である．

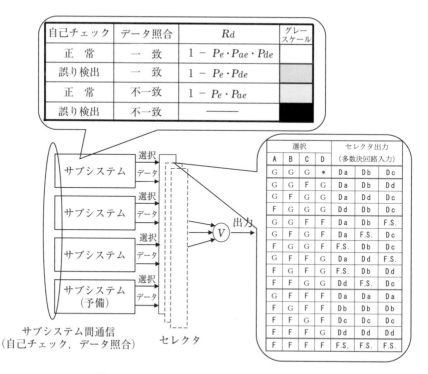

図 2.9　Step-wise Negotiating Voting 方式

2.2.7　セルフチェッキング論理 ● ● ● ● ● ● ● ● ● ● ● ● ● ● ●

　論理回路の誤りや故障を動作中に検出するために，セルフチェッキング論理
が用いられる．セルフチェッキング論理の構成方法は以下のとおりである．

① 　各論理機能ブロックの出力を誤り検出符号で符号化する．

② 　動作中に故障が生じると，一定の動作サイクル内に非符号語が出力され
　　るように機能ブロックを構成する．

③ 　その非符号語を監視するチェッカは機能ブロックのみならず自分自身の
　　故障をも検出する．

　セルフチェッキング論理がもつ特徴として，「トータリーセルフチェッキン
グ」(Totally Self Checking：TSC)がある．トータリーセルフチェッキングと

は, 回路は, 故障集合 F に関してフォールトセキュアかつセルフテスティングである性質である. これらの性質を回路の入力から出力への写像として表すと図 2.10 のようになる.

「フォールトセキュア」および「セルフテスティング」はそれぞれ以下のように定義される. なおここで,「符号語」(Code Word)とは, 誤り検出記号をもつ冗長符号として生成規則に合致した(辻褄のあった)符号のことを意味し, 生成規則に合致していない(辻褄のあっていない)符号は「非符号語」(Non-code Word)と呼ばれる. つまり,「符号語」は冗長符号として正しい符号で,「非符号語」は冗長符号として正しくない符号と考えることができる.

(1) フォールトセキュア

フォールトセキュア(Fault Secure)とは, 回路に, 故障集合 F に属する任意の故障が存在するときに決して不正な符号語を出力させない性質であり, 具体的には図 2.10 に示すように符号語入力 X1 は正常時には符号語出力 Y1 に変換され, 故障が発生したときには正常時と同じ符号語出力 Y1 または非符号語 Y1** に変換され, 決して不正な符号語 Y1* には変換されない性質を意味する.

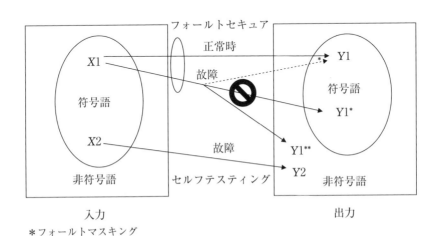

図 2.10 トータリーセルフチェッキング

(2)　セルフテスティング

　セルフテスティング(Self Testing)とは，回路に，故障集合 F に属する任意の故障が存在するときに少なくとも1つの符号語入力 $X2$ に対して非符号語 $Y2$ を出力させる性質である．別の表現をすれば，非符号語 $Y2$ を出力するような少なくとも1つの符号語入力 $X2$ が存在する．

　さらに検査回路(チェッカー)に求められる性質として，コードディスジョイント(Code-Disjoint)がある．コードディスジョイントとは，入力および出力を誤り検出符号で符号化された論理回路において，符号語入力 $X1$ に対しては出力も符号語 $Y1$ であり，非符号語入力 $X2$ に対しては出力も非符号語 $Y2$ である．

　同様に，回路の入力から出力への写像として表すと図2.11 のようになる．

　また，多重故障が発生しても故障が検出されるまでは出力が正しいという性質として強フォールトセキュア，多重故障が発生しても故障を検出することができる検査回路(チェッカー)の性質として強コードディスジョイントがある．

　強フォールトセキュア(Strongly Fault Secure：SFS)とは，

① 　故障 $\{f\}$ に関して TSC である．

② 　$\{f\}$ に関してフォールトセキュアであり，かつその回路に f が生じた状態でもなお $F-\{f\}$ に関して SFS である．

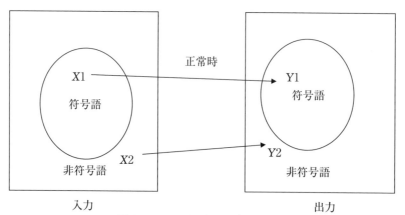

図2.11　コードディスジョイント

強コードディスジョイント(Strongly Code-Disjoint：SCD)とは，故障 f の発生前はコードディスジョイントであり，かつ回路に f が生じた状態でもなお故障集合 $F-|f|$ に関して SCD である．

セルフチェッキング論理のための符号(冗長符号)としては以下のものがあげられる．

- 単一パリティ符号
- 2 線式符号
- m-out-of n 符号
- 組織符号・剰余符号・Berger 符号

2.2.8 信頼性と安全性の考え方—安全性と信頼性は両立しないのか？ ● ●

(1) 誤り検出の不完全性

システムの動作が少しでも疑わしいときには，安全性を高めるために出力を停止してしまうとシステムが要求された機能を果たすことができなくなることから，安全性と信頼性は両立しないと考える人も多い．しかしここで，「システムが要求された機能」には，サービスを提供できることだけでなく安全性も含まれる，と考えるべきである．両者を区別するため，ここではあえて前者を「信頼性(サービス性)」[1] と呼ぶことにする．このように一見，安全性と信頼性(サービス性)とは両立しないように見えるのはシステムの異常，誤りを検出するための誤り検出機能が完全でないからである．

表2.2 に示すように，システムの状態が正常である場合には正常と判定し，異常である場合には異常と判定するのが誤り検出機能のあるべき姿である．しかし実際には，誤り検出機能の不完全性に起因して，システムの状態が正常であるのに異常と判定(偽陽性，第1種の過誤という)したり，異常であるのに正常と判定(偽陰性，第2種の過誤という)することが発生する．

誤り検出機能に偽陰性が発生する原因としては，誤り検出機能の検出カバ

---

1) JIS Z 8115：2019 の「サービス性」がこの概念に近いと思われる．

表 2.2　システムの故障状況と検出結果

誤り検出結果＼実際の状態	正常（誤りなし）	異常（誤りあり）
正常（誤りなし）	真陰性	偽陰性（第1種の過誤）
異常（誤りあり）	偽陰性（第2種の過誤）	真陽性

レッジ，すなわち自己診断率（DC：Diagnostic Coverage）が 100% でないからである．一般に機能安全規格ではこの値が Low（60%），Medium（90%），High（99%）と分類され，それぞれ自己診断率を達成するためにはどのような診断が必要かも記載されている．例えばプロセシングユニットでは，自己診断プログラムによれば Low（60%）から Medium（90%），多数決や二重化比較によれば High（99%）の自己診断率が得られる．自己診断率が Low（60%）で故障が発生した場合に偽陰性が発生する割合は，40% である．

　誤り検出機能に偽陽性が発生する原因としては，誤り検出機能の故障の他に，誤り検出機能の原理的な限界がある．先に述べたように多数決や二重化比較による方法では高い自己診断率を達成することが可能であるが，少なくとも2つのアイテムの出力同士が一致しないと正常と見なすことができない．つまり多数決や二重化比較のための2つないし3つのアイテムのうち，1つのアイテムが正常である可能性があるが，そのアイテムが正常であることを多数決や二重化比較により確認することができない．一方で，自己診断プログラムによる方法では自己診断率が Low（60%）から Medium（90%）と低いものの，正常なアイテムが1つでもあればそれを特定することができる．

(2)　誤り検出の不完全性と高信頼システムの動作

　システムの故障状況と動作を考えると，表 2.3 に示すようにシステムが正常であるときには出力を継続，すなわち正常動作をし，システムが異常であると

表2.3　システムの故障状況と動作

システムの動作 システムの故障状況	継続	停止
正常	正常動作	Error of Ommission
異常	Error of Comission	安全停止

誤り検出の不完全性
・偽陽性(第1種の過誤)
・偽陰性(第2種の過誤)

きには出力を停止，すなわち安全停止することが理想的なシステムの動作である．

　ここで，誤り検出機能に偽陽性が発生するとシステムが正常であるにもかかわらず出力を停止してしまう Error of Omission（機会損失の誤り）を起こしてしまい，システムの信頼性（サービス性）を損ねてしまう．また誤り検出機能に偽陰性が発生すると，システムが異常であるにもかかわらず出力を継続してしまう Error of Commission（あわてものの誤り）を起こしてしまい，安全性を損ねてしまう．

　以上述べたように，もし誤り検出機能に偽陽性も偽陰性もないのならば，システムは理想的な動作をする．しかし，システムの動作の安全性につながる自己診断率の高い，すなわち偽陰性の割合の低い誤り検出機能は原理的に偽陽性の割合が高いために信頼性（サービス性）を損ねてしまう傾向があるために安全性と信頼性（サービス性）は両立しないと考えられる．一方で，故障率を下げたり，冗長度を上げたりすることにより安全性と信頼性（サービス性）を両立させることが可能であるが，この場合コスト，価格との両立が新たな課題となる．

(3)　高信頼システムに求められる特性—可用性と安全性

　図2.12 に高信頼システムに求められる安全性，信頼性（サービス性）と実現するための高信頼化方式の関係を示す．図では横軸を安全性，縦軸を信頼性

コラム

カバレッジ100％

よくカバレッジとか検出率90％とか99％とか，時には100％とかいわれる．

カバレッジの定義は，原理的には，

カバレッジ＝検出（対処）できる故障／すべての故障

のはずであるが，現実には，

カバレッジ＝検出（対処）できる故障／想定する故障

となるのではないかと思う．

すると，想定する故障にはすべて対処できるように設計するのが当たり前で，カバレッジ100％でないのは設計不良ではないかという解釈も成立する．

最も大切なのは，カバレッジそのものではなくその分母である想定する故障，すなわち，どれだけ多くの故障を想定したかである．

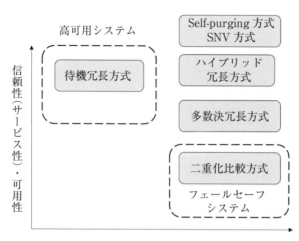

図2.12　安全性，信頼性と高信頼化手法

（サービス性）・可用性としており，右に行くほど検出カバレッジが高く安全性が高いことを示しており，上に行くほど信頼度・可用性・MTBF などの指標が高く，信頼性が高いことを示す．

　図の左上の領域が高可用（HA：High Availability）システムである．高可用システムは1日24時間，1年365日稼働することが求められるシステムで，金融機関の勘定システムなどに用いられることが多かったが，欲しいときに欲しいサービスを提供できるということからビデオオンデマンドシステムへの採用が始まり，近年では検索エンジンをはじめとして多くの IT システムは高可用システムとなってきている．高可用システムの多くは待機冗長方式が採用されており，誤り検出機能も自己診断プログラムなどの第1種の過誤が発生しない方式を採っている．

　図の右下の領域がフェールセーフシステムである．フェールセーフシステムはシステムの誤動作が人命や財産に重大な脅威となる可能性のある鉄道，自動車，プロセス制御などの用途に用いるシステムである．フェールセーフシステムでは誤り検出カバレッジすなわち，自己診断率の高い二重化比較方式や冗長符号化方式などが使われており，用途によってはさらに自己診断率を高めるために特殊な回路を用いたりしている．安全性だけでなく信頼性（サービス提供性）も要求される用途には多数決冗長方式や，二重化したサブシステムの出力を比較する二重化比較方式をさらに二重化した方式などが広く用いられており，さらに高い信頼性（サービス性）が要求される用途にはハイブリッド情報方式が用いられている．さらには前項で述べた Self-Purging 方式[6]や SNV 方式[7]も提案されているが，前者は提案方式のための多数決回路の実現方法が明らかではないが，後者は多数決回路にスイッチマトリックスを前置することで提案方式のための多数決回路を実現しており，実際に人工衛星に搭載されて飛行している[8]．

（4）　待機冗長方式と多数決方式の信頼度比較

　ここで待機冗長方式，多数決冗長方式の信頼度を比較する．なお，冗長系を

コラム

フェールセーフ

　対象とするシステムが壊れたときに，安全側の動作をすることを意図して設計製造したシステムの性質をフェールセーフという．鉄道分野では停止することで絶対の安全が確保できるアプリケーションであり，制御システムが万一故障した場合にはブレーキが動作する設計を指す．以上のように多くの分野では故障時に安全に停止することを意図して設計することを指すことが多い．航空機分野では損傷許容設計（damage tolerance design）のことを指し，金属疲労により構造材に亀裂が生じても亀裂の進行をとどめるか，遅くするための設計手法を指す．

構成するサブシステムの信頼度を R_i とする．

　多数決冗長方式（三重系）の信頼度 R_{TMR} は，各サブシステムの故障が独立に生起する（本仮定は本書において前提となる）とき，2つのサブシステムがすべて正常である確率と，2つのサブシステムが正常でもう1つのサブシステムが正常でない確率を加算した値，すなわち式（2.4）で表される．

$$R_{TMR} = R_i^3 + 3R_i^2(1-R_i)$$
$$= R_i^3 + 3R_i^2 - 3R_i^3$$
$$= 3R_i^2 - 2R_i^3 \tag{2.4}$$

　待機冗長方式（二重系）の信頼度 $R_{stand\text{-}by}$ は，少なくとも1つのサブシステムが正常であれば正常な出力を得ることができるから，2つのサブシステムがすべて正常である確率と，1つのサブシステムが正常でもう1つのサブシステムが正常でない確率を加算した値，すなわち式（2.5）で表される．

$$R_{stand\text{-}by} = R_i^2 + 2R_i(1-R_i)$$
$$= 2R_i - R_i^2 \tag{2.5}$$

コラム

MTBF 1 万年の装置

よく「このコンピュータは 1 万年に 1 回しか停止しない」とかいわれるが，ではこのコンピュータははたして 1 万年後も動作しているのであろうか？

答えは No である．

電子機器の故障率はバスタブ曲線（**図 2.13**）といわれる状態をとる．製造直後は初期故障期で故障率が高く，そのあとはバスタブの底にあたる故障率が低い時期になる．やがて摩耗故障期に入り故障率は再び上昇してバスタブの縁に達する，というモデルである

「このコンピュータは 1 万年に 1 回しか停止しない」というのは，このバスタブの底が1万年間続いたとする，という仮定のもとでの話であるが，実際は必ず数十年で摩耗故障期に入ってバスタブの縁に達してしまう．

ではこの言葉はウソかといえば，そうではない．ポワソン過程が支配的な偶発故障期のみを言い表した言葉で，アレニウス過程が支配的な摩耗故障期を無視したいわゆる「近似」の範疇である．

また「MTBF：1 万[年]」というのは，「MTBF：1 万[年＊台数]」と解釈してはいかがであろうか．「『MTBF1 万年』のコンピュータが 1 万台あれば，1 年に 1 台は故障する．」と．

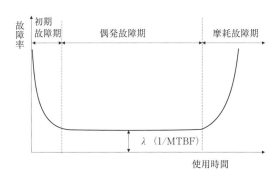

図 2.13 バスタブ曲線

　なおこの値は，自己診断率を 100% と仮定したときの信頼度で，実際には機能安全規格では Low（60%），Medium（90%），High（99%）と分類され，自己診断率 100% というのはあり得ない仮定である．2つのサブシステムが正常である場合には自己診断率にかかわらず正しい出力が得られ，1つのサブシステムが正常でもう1つのサブシステムが異常である場合には自己診断が正しいときに正しい出力が得られるとすれば，自己診断率 C を考慮した待機冗長方式の信頼度は式(2.6)で表される．

$$R_{stand\text{-}by} = R_i^2 + 2CR_i(1-R_i) \tag{2.6}$$

　1つのサブシステムが正常でもう1つのサブシステムが異常で，自己診断が正しくない場合でも 1/2 の割合で正しい出力が得られるとも考えられ，この場合には，待機冗長方式の信頼度は式(2.6)′で表される．

$$R_{stand\text{-}by} = R_i^2 + 2(C + (1-C)/2)R_i(1-R_i) \tag{2.6}'$$

　2つのサブシステムがすべて正常である場合には，どちらの出力も正常であるので誤った出力がなされる比率は 0 である．1つのサブシステムが正常でもう1つのサブシステムが正常でない場合には，検出漏れは $(1-C)$ の比率で発生するが，正常なサブシステムの出力が選択される場合もあるので，$(1-C)$ /2 の比率で誤った出力がなされる．2つのサブシステムのどちらも正常でない場合には，どちらの出力を選んでも正しくないので，$(1-C)$ の比率で誤った出力がなされる．したがって，待機冗長方式で検出漏れにより誤った出力が出力される確率は式(2.7)により表される．

$$P_{error} = 2(1-C)R_i(1-R_i)/2 + (1-C)(1-R_i)^2 \tag{2.7}$$

　図 2.14 に多数決冗長方式，待機冗長方式の信頼度 R_{sys} を比較する．この図は冗長系を構成するサブシステムの信頼度 R_i を横軸として，多数決冗長方式の信頼度として式(2.4)，$C = 100\%$，60% のときの待機冗長方式の信頼度として式(2.5)，$C = 99\%$，60% のときの待機冗長方式の検出漏れにより誤った出力がなされる確率として式(2.6)をプロットしたものである．

　図 2.14 によれば，$C = 100\%$ の場合には R_i にかかわらず待機冗長方式のほうが多数決冗長方式よりも高い信頼度が得られるが，$C = 60\%$ の場合には R_i

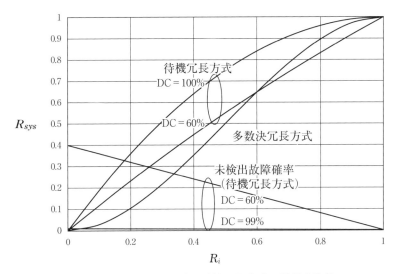

図 2.14　多数決冗長方式，待機冗長方式の信頼度比較

が大きい領域では多数決冗長方式のほうが信頼度が高いことがわかる．また C = 60% のときには，検出漏れにより誤った出力が出力される確率は C = 99% のときよりも高く，ライフクリティカルな用途にはそぐわないことがわかる．

2.2.9　安全をとりまく歴史 ● ● ● ● ● ● ● ● ● ● ● ● ● ● ● ● ● ●

図 2.15 に安全をとりまく歴史を示す．安全を揺るがす事故として，1976 年にイタリアのミラノ郊外で発生したダイオキシンの放出事故であるセベソ事故，1984 年にはインドのボパールで発生した，化学工場から猛毒のイソシアン酸メチルが漏洩したボパール事故が挙げられる．これらの事故を受けて，1982 年にはセベソ指令が発令され，1990 年には A 規格（基本安全規格）として，ISO/IEC Guide 51，1997 年には IEC より電気電子技術分野における安全規格策定および使用方法を示した IEC Guide 104 が発行された．

ISO/IEC Guide 51，IEC Guide 104 に基づき，1999 - 2000 年には，B 規格（グループ安全規格）である機能安全規格 IEC 61508 が発行され，自動車分野の

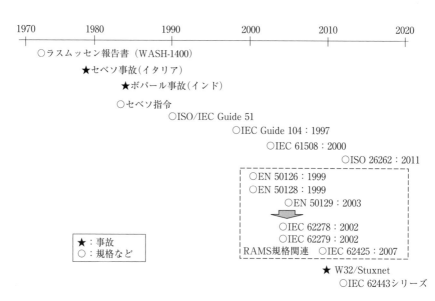

図2.15　安全をとりまく歴史

ISO 26262 をはじめとして，各分野について C 規格（個別機械安全規格）が発行されている．

　鉄道分野では，1999 年に RAMS 規格である EN 50126 などが発行され，2002 年には IEC より IEC 62278 などが発行されている（詳細は**第4章**を参照）．

　原子力分野では，1972 年に事故の発生頻度とその事故がもたらす影響の大きさについて，**図2.15** に示すように定量的に推定する手法をとったラスムッセン報告（WASH-1400）[9] が，ALARP の原則の考え方のもととなっている．ラスムッセン報告では，**図2.16左図**に示すように原子力事故（原子力発電所100基分）と，火災，航空機事故，ダムの決壊，塩素ガス漏れなどの人災との比較，原子力事故（原子力発電所100基分）と，地震，竜巻，ハリケーン，隕石などの自然災害との比較を示している．これらの中から，原子力事故と人為的事故，自然災害，第二次世界大戦の発生頻度と犠牲者数の分布をまとめると**図2.16右図**のようになる．これらの図では，グラフの右上に行くにしたがってリスクが大きく，左下に行くに従ってリスクが小さい．原子力の安全性について

隕石により死亡する確率と同等といわれるのはこの報告に由来するものと思われる．なお第二次世界大戦の犠牲者数は5000万人～8000万人といわれており，頻度は，20世紀に1回（100年に1回）～人類史上初（10万年に1回）と仮定した．10万年に1回の頻度と仮定した場合には他の自然災害や人為的事故と同等のリスクと考えることができるが，100年に1回の頻度と仮定すると，残念ながら他の自然災害や人為的事故を2～3桁上回るリスクと言わざるを得なくなる．

参考までに図2.17に交通手段ごとの事故死者率の比較[10]を示す．なお，落

コラム

ハイボールの語源―ボール信号機説

ハイボールの語源には諸説あるが，それらからボール信号機説を紹介する．

鉄道ではフェールセーフを実現するために地球の重力を利用している．例えば，米国開拓時代の信号機はボールを滑車に通したロープに吊り下げたもので，

ボールが下がっている状態が赤：「進行不可」

ボールが上がっている状態が青：「進行可能」

を示している．

万一何らかの理由でロープが切れた，すなわち信号機に故障が発生した場合には，ボールが落下して赤：「進行不可」となり，フェールセーフが確保されることになる．

出発時刻待ちで駅前の酒場でウィスキーをチビチビやっていた乗客（不謹慎にも駅員という説もある）は，ボールが上がった状態（ハイボール）になるやいなや，ウィスキーを一気に流し込んで列車に飛び乗った．このときにウィスキーを一気に流し込みやすいようにソーダ水で割ったものが「ハイボール」であるという．

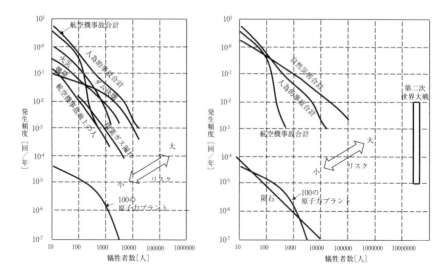

（1）原子力事故と他の人為的事故　　　（2）原子力事故と人為的事故，自然災害

出典）"Reacter Safety Study"，WASH-1400（NUREG-75/014），1975，fig. 1-1 〜 1-3 より筆者作成

図 2.16　発生頻度と影響の大きさ

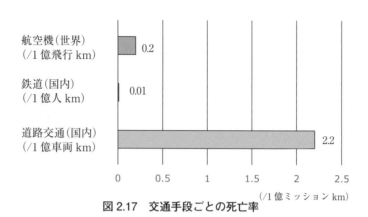

図 2.17　交通手段ごとの死亡率

雷で死亡する確率は隕石により死亡する確率よりもさらに低いという報告もある[11].

2.3

国際標準化団体，規格体系

2.3.1 国際標準化団体 ●

本書の内容に関係する国際標準化団体としては，ISO（International Organization for Standardization：国際標準化機構）と IEC（International Electrotechnical Commission：国際電気標準会議）がある．ISO は全般的，IEC は電気電子工学に関する国際標準化団体であるが，実際には ISO は電気電子工学以外に関する国際標準化を担当しているが，国際規格作成のための規則群などは ISO/IEC 共同で制定している．本書で扱う ISO/IEC Guide51 もその一つである．公用語は ISO が英語（UK），フランス語，ロシア語，IEC が英語（UK），フランス語である．

2.3.2 安全に関する規格体系 ●

安全の理念・礎とされる ISO/IEC Guide51 によれば，安全に関する規格は**図 2.18** に示す ISO/IEC Guide51，基本概念，技術原則，リスクアセスメントを定めた A 規格，分野を横断した水平規格である B 規格，分野ごとの規格である C 規格に分類されている．なお，A 規格（ISO 12100-1：2003，ISO 12100-2：2003 および ISO 14121-1：2007）は 1 つにまとめられ，ISO 12100：2010 として発行されている．これらの規格のうち，本書の対象である機能安全規格 IEC 61508 が機能安全規格と呼ばれる水平規格（B 規格）に位置づけられている．ただし図 2.18 に示す規格体系は，機能安全規格制定に先だって機械安全ありきで作られたものであり，ハザードを危害の潜在的な源だけでなく，危害が潜在する状態とする現代の安全コンセプトでは，機能安全は機械安全とは独立，または相補的な関係，位置づけと考えるべきかもしれない．

以下本章では，歴史の理解のためにも機能安全規格制定時の規格体系，安全確保のフロー，機能安全の位置づけなどについて述べたのち，現代の安全コン

セプトでの機能安全の位置づけについて述べる.

　まず,A規格に定められている安全確保の基本フロー,すなわちリスクア
セスメントとリスク低減(安全方策)のプロセスについて述べる.このプロセス
では,図2.19に示すようにリスクアセスメントにより提起された課題をリス
ク低減(安全方策)により課題解決を図るフローをとる.ただしここに示すリス

コラム

"ISO"の呼び方の国際標準

　"ISO"の呼び方の国際標準は存在せず,国によってさまざまで,
「アイソ」,「アイゾ」,「アイエスオー」が多数派で,規格の番号は数
字を1桁ずつ読む人が多い.なお,ドイツ語圏では「アイゾ」が多
数派で,2桁ずつ区切って,例えば自動車の機能安全ISO 26262は
"ISO(発音は「アイゾ」)Sechs-und-zwanzig, Sechs-und-zwanzig,
und Zwei"と読む人が大多数である.不思議に思って聞いてみたが,
こちらのほうが読みやすいようである.

　また英語は公用語の一つであるが,英語(UK)であることに注意が
必要である.過去にドラフトに規格の主要テーマが数百カ所にわたり
英語(US)で書かれたが,「英語(UK)にすべき」と筆者がコメントを
出したことがある.

　意外かもしれないがISOやIEC発行の規格書は著作権で厳格に保
護されており,基本的にダウンロードは無償ではなく有償で,引用や
複写配布には許可や著作権料の支払いが必要である.第一には著作権
の一つである同一性保持権により規格内容の一貫性を保つという目的
があるが,ISOやIECの事務局経費に占める加盟国の分担金は約半
分で,残りの約半分はこれら規格書の収入で賄っていることも忘れて
はならないことである.

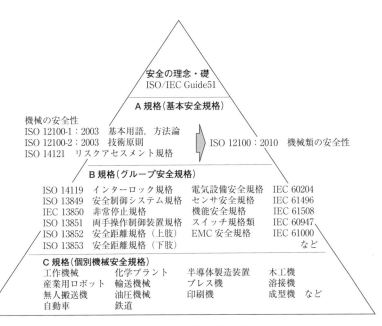

図 2.18 安全に関する規格体系

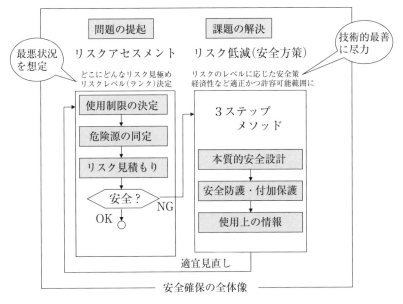

図 2.19 安全確保の基本フロー

クアセスメントとリスク低減(安全方策)のプロセスも，機械安全ありきという従来の安全コンセプトで作られたものであり，新しい安全コンセプトでは機械安全で除去しきれなかった残存リスクを機能安全で除去するという考え方ではなく，機能安全はさらに広い守備範囲，可能性をもつものと考えるべきかもしれない．

(1)　リスクアセスメント

リスクアセスメントでは，どこにどのようなリスクがあるか，を見極めてリスクレベル(ランク)を決定する方法を規定している．この手法は以下のプロセスからなる．

① 　使用制限の決定

② 　危険源の同定

③ 　リスクの見積もり

④ 　安全かどうかの判定

①「使用制限の決定」のプロセスでは，機械の各種制限(使用上の制限，場所や広さの制限，時間的制限)，「意図する使用」，「合理的に予見可能な誤使用(通常の人間ならばやりそうな誤った使い方)」を明記する．

②「危険源の同定」のプロセスでは，危険源，危険状態，および危険事象を同定する．ただし，1つの危険源，危険状態から導かれることを確認する傷害・健康障害に至るすべての状況を想定しなければならない，

③「リスクの見積もり」のプロセスでは，同定された危険源，危険状態，および危険事象のリスク(発生確率 × 被害のひどさ)を見積もる．

④「安全かどうかの判定」のプロセスでは，リスクを評価し，安全方策を施したことによってリスクが適切に低減されているかどうかを判断する．さもなければ，技術原則に基づくリスク低減(安全方策)を実施し，危険源に対して許容可能なリスクに低減されるまで，リスク低減(安全方策)とリスクアセスメントを繰り返す．

（2） 技術原則

技術原則ではリスクのレベルに応じた安全方策を実施し，レベルを経済性等適正かつ許容可能範囲に低減する方法を規定している．この手法は以下のプロセス（スリーステップメソッド）からなる．

① 本質的安全設計

② 安全防護・付加保護

③ 使用上の情報

①「本質的安全設計」のプロセスでは，「危害のひどさ」，「危害のおこりやすさ」のいずれかまたは両方を，除去ないし低減させることを目的としてあらゆる方策を実施する．例えば，危険源の除去，小さなエネルギーに代替，回避手段の確保などである．すなわち，危険な状態が「どうやっても」起こりえないようにする，危険なことが起こりうる可能性を，根本からなくす（ように努力する）考え方である．

①「本質的安全設計」により「許容可能なリスク」以下に達することができない場合には，②「安全防護・付加保護」のプロセスで安全防護（ガード，安全防護装置）や追加の安全方策を施す．

具体的には，危険源をなくせないならば，危険源から離す（または強制的にでも離れさせるような仕掛けをつける），例えば，空間的に隔離（人と機械を遠くに離す），時間的に隔離（停止中だけ近づくことを可能とする）などの方策をとる．また，隔離ができないならば，人身への危害発生を食い止めるような，何らかの仕掛け（例えば緊急停止装置）をつける．

②安全方策を講じても残存リスクがある場合には，③「使用上の情報」として残存リスクを開示し，必要な指示，警告を行う．

万一の場合には「安全防護・付加保護」が守ってくれる（リスクは許容範囲になっているはず）が，万一の場合がなるべく起こらないように，また，除ききれない微少な危険の残存を「使用上の注意」で示す．使用者はそれに則り気をつけて使う．

なお，リスクを許容可能なまでに低減するアプローチは「ALARP（As Low

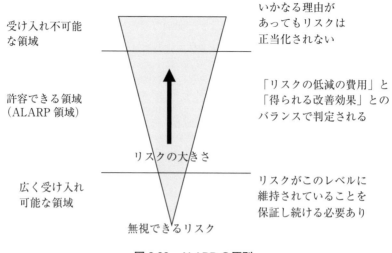

図 2.20　ALARP の原則

As Reasonably Practicable) の原則」と呼ばれる．このアプローチでは，リスクは合理的で実用的に可能なだけ低くしなければならない．図 2.20 に示すように，リスクの大きさがきわめて小さく無視できる領域は無条件で広く受け入れ可能である．ただしこれよりリスクが大きく，許容できる領域（ALARP 領域）は「リスクの低減の費用」と「得られる改善効果」とのバランスで判定される．リスクの大きさが ALARP 領域を超えて受け入れ不可能な領域である場合には，いかなる理由があってもリスクは正当化されない．

2.3.3　安心安全と機能安全規格 ● ● ● ● ● ● ● ● ● ● ● ● ● ● ●

　安心安全と機能安全規格の関係を図 2.21 に示す．我々の安心は，安全に加えて健康であること（病気でないこと），経済的安定（失業しないこと）などの要素を含んでいる．

　また安全には，社会的安全（治安がよいこと，国際紛争がないこと）なども含み，安全工学が関与できることとしては

- 人為的な災害やそれによる被害を最小限にとどめること

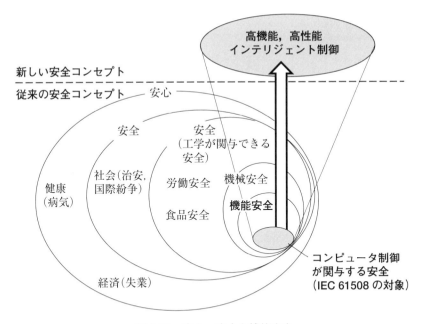

図 2.21　安心・安全と機能安全

• エネルギーを安定的に供給すること

• 地球環境を調和して産業活動をすること

などがある．

　従来の安全コンセプトではこれらのうち，機械安全の一部に機能安全が位置づけられ，さらに電気，電子，コンピュータ制御が関与する安全が IEC 61508 の対象である．

　ここで機械安全とは，人々が日常で使うあらゆる機械の安全：消費者として機械を使う場合も，作業者として機械設備を使ってものを作る場合も，機械の故障や人間のミスが原因で，人身の損傷や健康被害が出ないようにすることである．また機能安全とは，危険がゼロではない（ゼロにはできない）機械に対し，危険が表出しないような仕組み（安全装置）をつけて安全度を高めることである．

　IEC 61508 の対象は安全装置が E/E/PES，すなわち電気，電子，コン

コラム

安全と安心

とある講演会で，

「『安全』はエンジニアリングであるが，『安心』は感覚的なもので
エンジニアリングではない．なのに同列に扱おうとする昨今の風潮は
おかしい．」

というご意見を賜った．

「計測心理学や官能計測という専門分野もあるので，『安心』も立派
なエンジニアリングである．」と考える．

安全性を示すのに信頼度という尺度を用いる．しかし，信頼度とい
う尺度は実は，安心の指標となる感覚（官能尺度）との乖離が見られる．
なぜならば，信頼度というのは確率論で議論している．ここには大数
の法則が成立するという大前提がある．大数の法則とは，試行回数を
増やすに従って，各事象の発生する頻度が理論的確率に近づくという
ものである．

これに対して，個人の身に降りかかる危険な事象についてはそう
易々と試行回数を増やすのはご免こうむりたいものである．そもそも
命は1つしか持ち合わせていないので，試行回数を増やすことは原
理的に不可能である．

したがって，確率論に基づく信頼度がいうような「99% 生きてい
て，1% 死んでいる」という「シュレディンガーの猫」のような状態
はありえない．安心，すなわち個々人の安全を議論するためには，確
率論ではなく確定論で議論する必要もあると思う．

昨今の機能安全規格に代表されるような規格では，単なる確率論で
はなく確定論，どのくらい注意を払って設計，製造しているかという
プロセスを評価すべきだという方向になってきている．その背景には，
こうした「安心」だけでなく，安全性の目標水準が非常に高くなり，
実用的なサンプル数では検証するのが困難なほど極めて確率の小さな
事象を扱う必要が出てきたこともある．

ピュータ制御で構成されているものであり，安全にする対象は，人身ばかりでなく，環境や財産なども含む．また，IEC 61508 は電気，電子，コンピュータ制御で構成されているものを対象にしているため，新しい安全コンセプトでは機械安全の範囲にとどまらず，さらに高機能，高性能なインテリジェントな制御システムを含む可能性を秘めている．

2.4

機能安全規格

　いわゆる機能安全規格 IEC 61508 の正式名称は"Functional safety of electrical/electronic/programmable electronic safety-related systems"（電気／電子／プログラマブル電子式安全関連システムの機能安全性）で，非常に長いため，一般には略して「機能安全規格」または，単に「(IEC)61508」と呼ばれている．本規格は，産業用機械に付加される電気的／電子的な「安全関連システム」（いわゆるインターロック装置，非常停止装置など）の機能安全に関する国際規格で，現在では水平規格（分野横断型規格）となっている．特に，"programmable electronic"（プログラマブル電子式）はコンピュータにより動作することを意味している．

　本規格が対象とする安全関連系と本体機械との関係を図 2.22 に示す．存在目的である仕事をする機械の本体は EUC（Equipment Under Control）と呼ばれ，運転中の機械・設備，プロセスを示す．制御装置は EUC を制御する装置と定義され，EUC からのプロセス情報に基づく操作量を EUC に与える．安全関連系はプロセス情報を取得するためのセンサ，安全コントローラ，停止操作をするアクチュエータから構成され，安全コントローラはハードウェア，さらにプログラマブル電子系（PE）の場合にはソフトウェアからも構成される．安全関連系は「いざ」というときに確実に働くことが求められ，その確実性のレベルが SIL（Safety Integrity Level）として，本章冒頭の表 2.1 に示すように定義される．

　また連続モードで動作するシステムは，**図2.23**に示すように制御機能自体が安全に動作できる「安全関連制御システム」(Safety-related Control System)として実装され[12]，安全関連制御システムはセンサ，アクチュエータに接続するハードウェア，さらにプログラマブル電子系(PE)の場合にはソフトウェアによっても実現される．論理的な実装例の一つとして，高安全レベル機能と低安全レベル機能とが安全関連制御装置内に共存する場合には，特に低安全レベル機能が高安全レベル機能に悪影響を及ぼさないように，両者の間にメモリー保護や時間保護などの保護分離機能が設けられることが多い．この特性は，特に**第3章 p.90**に示すように，ISO 26262ではFFI(Freedom From Interference：無干渉化)と呼ばれている．こうした背景から近年，メモリー保護ユニット(Memory Protection Unit：MPU)が組み込まれた制御用マイコンが増えている．また，時間保護機能はオペレーティングシステムにより実現されることが多い．

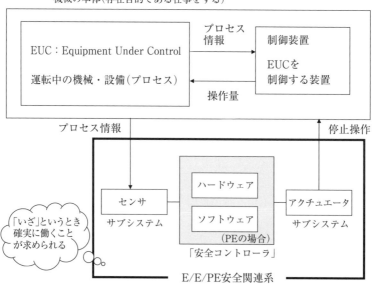

図 2.22　安全関連系と本体機械との関係(低頻度〜高頻度動作要求モード)

コラム

機能安全(Functional Safety)とは？

　機能安全という言葉は世の中ではさまざまな意味で使われることが多い.

　① バズワードとして

　近年では Innovative, Novel, Cool という意味をもつ言葉として「文化」が使われてきた.「文化干し」,「文化包丁」,「文化住宅」がこの類で, 古くは「デンキブラン」の「デンキ」がこの意味で使われていた.

　近年マスコミや世間で使われているのは, 過大な期待を込めてこの意味で使われることが多い.「機能安全」という言葉に脚光が当てられているのは嬉しい限りだが, バズワードで終わってしまわないことを願ってやまない.

　② 「法と秩序(Law and Order)」

　IEC 61508 や ISO 26262 などの「機能安全規格」を指す場合である. よく, 高信頼技術＝機能安全と思われがちであるが, 機能安全規格が「法と秩序」に相当するのなら, 高信頼技術や, 信頼性工学は「正義(Justice)」に相当するものである.「法と秩序」は「正義」が伴うものでなければならない.「法と秩序」だけならかつてのナチスも標榜していたのだから.

　なお, 高頻度動作要求モードで動作するシステムは, 図2.22 に示す構成または図2.23 に示す構成となる.

　故障の種類と回避のアプローチを図2.24 に示す. 故障はランダム故障とシステマティック故障に分けられる. ランダム故障はその性質上ハードウェアのみに発生するので, 特にランダムハードウェア故障と呼ばれる.

機械の本体(存在目的である仕事をする)→安全関連制御システム

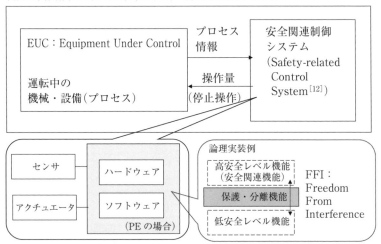

図 2.23 安全関連系と本体機械との関係(高頻度動作要求～連続モード)

	ランダム(ハードウェア)故障 (時間に無秩序,いつ発生するかわからないが発生頻度が定量化できる)	システマティック故障 (人が作り込む.内在しているが発生してみて初めてわかる,定量化できない)
ハード ウェア	部品や材料の劣化	設計誤り,製造ミス (製造で組み込まれた故障) 部品選定誤り
ソフト ウェア	—	仕様の誤り バグ

⇩ 定量的アプローチ

故障を検知(診断)し
表面化させない(多重系など)

・故障確率を求める
・許容リスクを下回る目標SIL決定

⇩ 定性的アプローチ

故障を作り込まない
故障を制御する

・安全ライフサイクル全16フェーズ
 における安全評価・対策・文書化
・ソフトウェア検証

⇩

システム全体として安全度水準SILを求める
SIL実現に適合する技法を採用して製造する

図 2.24 故障の種類と回避のアプローチ

　ランダムハードウェア故障は時間的にランダムでいつ発生するかわからないが，発生頻度が確率論的に定量化できる．故障の原因としては，ハードウェアでは部品や材料の劣化などが挙げられる．故障の対策としては故障を検知（診断）し表面化させない方策（フォールトマスク）が必要であるが，システムの用途や故障確率から許容リスクを下回る目標 SIL を決定し，目標 SIL を達成するための安全方策をとることが挙げられる．

　一方で，システマティック故障は人が作り込み内在しているが発生してみてはじめてわかる故障であり，定量化は困難である．ハードウェアでは設計誤り，製造ミス，部品選定誤りなどの設計，製造段階で組み込まれた故障，ソフトウェアでは仕様の誤り，バグなどが挙げられる．故障の対策としては，故障を作り込まない故障を制御するために，p.61 で述べる安全ライフサイクル全16 フェーズにおける安全評価・対策・文書化，ソフトウェア検証を実施することが挙げられる．

　システムに占めるソフトウェアの比率は従来は低かったが，図 2.25 に示すように近年になってデジタル化に伴って高まってきている．ソフトウェアの比率は 2000 年代には 70% を占めるといわれてきたが，2020 年代には 90% 以上を占めるといっても過言ではない．また有限個の状態間の遷移からなる数学的モデルである有限状態マシンと見た場合，ソフトウェアはハードウェアよりもはるかに多くの状態数をもち，状態遷移も複雑なものとなる．それに伴い，ソフトウェアの不具合（システマティック故障）が安全を脅かす事故原因となるこ

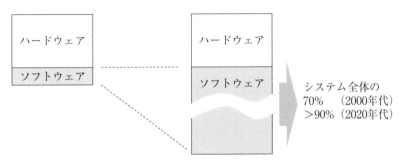

図 2.25　ソフトウェア開発の重要性

とが増え，安全におけるソフトウェア開発の重要性が高まってきている．

　ソフトウェアのシステマティック故障(バグ)はハイゼンバグとボーアバグに分類され[13]，それぞれの発生，残存メカニズムに着目して対策を講じることが提案されている[14]．ハイゼンバグは不確定性原理を提唱したハイゼンベルグに因み命名されたバグで，発生する条件が複雑で未知の条件があるため，既知の条件をそろえても見かけ上確率的に発生(顕在化)するバグである．ボーアバグはボーアの原子模型に由来して命名されたバグで，発生する条件が単純で，条件がそろえばほぼ確定的に発生(顕在化)するバグである．両者のバグの発生，残存メカニズムは図2.26に示すとおりで，設計，実装段階では両者ともに同様に発生する．ハイゼンバグは見かけ上確率的に発生(顕在化)するためにデバッグ，検査段階で顕在化し除去されるバグの数は少なく，一方，ボーアバグはほぼ確定的に発生(顕在化)するために多くのバグがデバッグ，検査段階で顕在化し除去される．その結果，出荷後の製品で発見されるバグのほとんどはハイゼンバグであると推定できる．提案方式[14]によれば，エッセンス情報のみを引き継いで，それ以外の条件を引き継がずに再実行すれば，異なる条件下で実行されるためにハイゼンバグは再び発生(顕在化)することはない．コンピュータの動作に不具合が見られた場合，リセットすることにより正常動作に戻ることが多いのは経験的に知られているが，この操作をより高度に，組織的

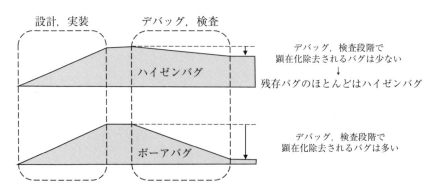

図2.26　ハイゼンバグとボーアバグの発生，残存メカニズム

に実現する方法として考えることができる.

図 2.27 に IEC 61508 における安全ライフサイクルを示す. 安全ライフサイクルにはモノが生まれるときから消滅のときまでライフサイクルのすべてのステージで, 通常の機能, 性能の要求のほかにシステム障害時の被害想定やその影響範囲, その障害の発生可能性などまで分析し要求(SIL 割り当て)に反映させる機能安全の視点からの考慮がなされている.

安全ライフサイクルは, 1：概念, 2：範囲定義, 3：ハザードリスク解析, 4：全般的安全要件, 5：安全要件の割り振り, 6：全体の計画作成(運転と保全計画, 7：有効性検証計画, 8：設置と引渡計画), 9：安全関連系 E/E/PES 実現, 10：安全関連系他技術実現, 11：外的リスク緩和施設実現, 12：設置・引渡し, 13：安全の有効性検証, 14：運転・保全(保守), 15：廃棄, 16：修正・改修・改良の 16 段階からなる. なお, IEC 61508 では 10：安全関連系他技術実現と 11：外的リスク緩和施設実現の詳細には立ち入らない. これらのうち 1〜5 が使用制限の決定, 危険源の同定, リスクの見積もりからなるリスクアセスメントのフェーズ, 6〜16 が本質安全方策, 追加安全方策, 使用上の注意のスリーステップからなる安全方策のフェーズである. さらに 1〜3 がリスク分析,

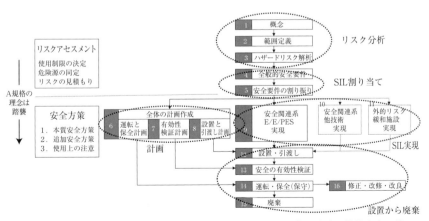

出典) JIS C 0508-1：2012「電気・電子・プログラマブル電子安全関連系の機能安全－第 1 部：一般要求事項」, 図 1 に筆者追記・修正.

図 2.27 安全ライフサイクル

4〜5がSIL割り当て．6〜8が計画，9〜11がSIL実現，10〜16が設置から廃棄と分類される．

さらに，Part1では一般的事項について，Part2では電気・電子・プログラマブル電子安全関連系について，Part3ではソフトウェアについて，安全ライフサイクル（番号，題名）ごとに，目的，範囲，要求事項の説明，インプット，アウトプットが表にまとめられている．

図2.28にSILの決め方と使い方を示す．SILの決め方，すなわちリスクアセスメントのプロセスでは危害のひどさ（シビアリティ）と発生率からリスクの見積もり・ランクづけをする．IEC 61508ではリスクのランクにより，SIL1〜SIL4の4段階のSILを割り当てる．続いてSILの使い方，すなわちリスク低減（安全方策）のプロセスでは設計・運用でのSILを実現するために，割り当てられたSILを満たすためのハードウェア推奨技法，ソフトウェア推奨技法，試験，査定方法を選択し実現する．なお，SILの決め方・使い方の実例は，自動車分野は**第3章**，鉄道分野は**第4章**に示したので参照されたい．

表2.4にIEC 61508の構成を示す．

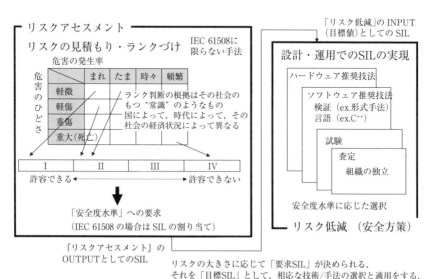

図2.28 SILの決め方と使い方

表 2.4　IEC 61508 の構成

IEC 61508：電気回路，電子回路，マイクロプロセッサを用いた安全関連系の安全確保方法を扱う規格

Part1『一般要求事項』：この種の安全確保に対する組織の運営と評価方法

全体の考え方のまとめ．機能安全管理（機能安全を達成するための管理および技術上の要求事項のまとめ），全安全ライフサイクル（概念・設計・改修・廃却にわたる機能安全の維持），潜在危険・リスク解析，安全度水準(SIL)，適合性確認，機能安全評価(評価者の独立性)など．

AnnexA（informative）　文書構成の例

Part2『電気・電子・プログラマブル電子安全関連系に対する要求事項』：E/E/PES のハードウェアに対する要求事項

E/E/PES の設計に関わる要求事項を中心として機能失敗確率の推定法や安全度水準の決定法など．

AnnexA（normative）　E/E/PE 安全関連システムのための技術と対策：運転中の故障の制御
AnnexB（normative）　E/E/PE 安全関連システムのための技術と対策：ライフサイクルのさまざまな段階におけるシステマティック故障の回避
AnnexC（normative）　診断カバレッジと安全な故障率
AnnexD（normative）　適合アイテムの安全マニュアル
AnnexE（normative）　オンチップ冗長を備えた集積回路(IC)のための特別なアーキテクチャ要件
AnnexF（informative）　ASIC のためのテクニックと対策：システマティック障害の回避

Part3『ソフトウェア要求事項』：E/E/PES のソフトウェアに対する要求事項

オペレーティングシステムからアプリケーションまで，安全度水準に応じたソフトウェアを使うべきこと．

AnnexA（normative）　技術や対策の選択へのガイド
AnnexB（informative）　その詳細な表
AnnexC（informative）　ソフトウェアのシステマティックケイパビリティのプロパティ
AnnexD（normative）　適合アイテムの安全マニュアル-ソフトウェア要素の追加要件
AnnexE（informative）　IEC 61508-2 と IEC 61508-3 との関係
AnnexF（informative）　単一コンピュータ上のソフトウェア要素間の非干渉を実現するための技術
AnnexG（informative）　データ駆動型システムに関連するライフサイクルを調整するためのガイダンス

Part4『用語の定義および略語』：機能安全に関わる用語の定義

Part5『安全度水準決定方法の事例』：SRS の信頼度，すなわち，安全度水準(SIL)を解析で求める方法

AnnexA（informative）　リスクと安全性の整合性−一般的な概念
AnnexB（informative）　SIL を決定するための方法の選択
AnnexC（informative）　ALARP 許容リスクの概念
AnnexD（informative）　SIL の決定：定量的方法
AnnexE（informative）　SIL の決定：リスクグラフ法
AnnexF（informative）　保護分析層(LOPA：Layer of Protection Analysis)を用いた準定量法
AnnexG（informative）　SIL の決定-定性法：危険事象の重大度マトリックス

Part6『第 2 部および第 3 部の適用指針』：E/E/PES の信頼度をアーキテクチャ構成を基にして算出する事例

AnnexA（informative）　IEC 61508-2 および IEC 61508-3 の適用
AnnexB（informative）　ハードウェア障害の確率を評価する手法の例
AnnexC（informative）　診断カバレッジと安全な故障分率の計算-作業例
AnnexD（informative）　E/E/PE システムにおけるハードウェア関連の共通原因故障の影響を定量化する方法論
AnnexE（informative）　IEC 61508-3 のソフトウェア安全性適合性テーブルの適用例

Part7『技術および手法の概観』：第 2 部および第 3 部に関係する安全技術・手法の紹介

AnnexA（informative）　E/E/PE 安全関連システムのための技術と対策の概要：ランダムハードウェア故障の制御(IEC 61508-2 参照)
AnnexB（informative）　E/E/PE 安全関連システムの技術と対策の概要：システマティック故障の回避(IEC 61508-2 および IEC 61508-3 参照)
AnnexC（informative）　ソフトウェアの安全適合性を実現するための技術と対策の概要(IEC 61508-3 参照)
AnnexD（informative）　事前に開発されたソフトウェアのソフトウェアの安全適合性を判断する確率的アプローチ
AnnexE（informative）　ASIC の設計のための技術と施策の概要
AnnexF（informative）　ソフトウェア・ライフサイクル・フェーズのプロパティの定義
AnnexG（informative）　安全関連オブジェクト指向ソフトウェア開発ガイダンス

(1) Part 1 一般要求事項

Part1では，この種の安全確保に対する組織の運営と評価方法について書かれている．具体的には全体の考え方のまとめ，機能安全管理（機能安全を達成するための管理および技術上の要求事項のまとめ），全安全ライフサイクル（概念・設計・改修・廃却にわたる機能安全の維持），潜在危険・リスク解析，安全度水準（SIL），適合性確認，機能安全評価（評価者の独立性）などである．

さらに，Annex A（informative）では，文書構成の例が述べられている．

(2) Part 2 電気・電子・プログラマブル電子安全関連系に対する要求事項

Part2では，E/E/PES のハードウェアに対する要求事項について書かれている．具体的にはE/E/PES の設計に関わる要求事項を中心として機能失敗確率の推定法や安全度水準の決定法などである．

さらに，Annex A（normative）では，E/E/PE 安全関連システムのための技術と対策：運転中の故障の制御，Annex B（normative）では，E/E/PE 安全関連システムのための技術と対策：ライフサイクルのさまざまな段階におけるシステマティック故障の回避，Annex C（normative）では，診断カバレッジと安全な故障率，Annex D（normative）では，適合アイテムの安全マニュアル Annex E（normative）では，オンチップ冗長を備えた集積回路（IC）のための特別なアーキテクチャ要件，Annex F（informative）では，ASIC のためのテクニックと対策：システマティック障害の回避について述べられている．

これらのうち，Annex A（normative）では，**図 2.29** に示すような形式で部品（電気部品，電子部品，情報処理ユニット，センサ，最終要素（アクチュエータ））ごとに診断カバレッジごとの診断方法の要件（どのような故障モードを検出対象とするか）がまとめられている（表 A.1 ‐ランダムなハードウェア障害の影響を定量化する場合，または安全側故障割合の導出に考慮する場合に想定される障害）．さらに部品ごとの参照箇所（表）には，診断方法ごとに実現可能な最高の検出カバレッジがまとめられている（表 A.2 〜 A.14）．

最後に各開発プロセスにおいて技術・手段の SIL ごとの推奨度（M：

Table A.1－ランダムハードウェア障害の影響を定量化する場合，
または安全側故障割合の導出に考慮する場合に想定される障害または障害

部品	参照箇所（表）	診断カバレッジごとの診断方法の要件		
		Low（60%）	Medium（90%）	High（99%）
部品A	A.a	診断方法（どのような故障モードを検出対象とするか）		
部品B	A.b			
⋮	⋮			
部品X	A.x			

Table A.a - 部品A

診断方法	参照箇所	実現可能な最高の検出カバレッジ	備考

Table A.Xb - 部品B

診断方法	参照箇所	実現可能な最高の検出カバレッジ	備考

Table A.x - 部品X

診断方法	参照箇所	実現可能な最高の検出カバレッジ	備考

出典） IEC 61508-2：2010 Table A.1 ～ A.17 を参考に筆者作成.

図 2.29　診断カバレッジごとの診断方法の要件

技術・手段	Part 7の参照する部分	SIL 1	SIL 2	SIL 3	SIL 4

技術・手段の推奨度（M, HR, R, NR），求められる有効性・実現度合（High, Medium, Low）
M：Required（Mandatory），HR：Highly Recommended，R：Recommended，NR：Not Recommended

出典） IEC 61508-3：2010 Table A.1 ～ A.8 を参考に筆者作成.

図 2.30　開発プロセスにおける技術・手段の SIL ごとの推奨度

Mandatory, HR：Highry Recommended, R： Recommended, NR： Not Recommended）が**図 2.30** のような形式でまとめられている（表 A.15 ～ A.17）.

(3) Part 3 ソフトウェア要求事項

Part3 では，E/E/PES のソフトウェアに対する要求事項について書かれている．具体的にはオペレーティングシステムからアプリケーションまで，安全度水準に応じたソフトウェアを使うべきことについて書かれている．

さらに，Annex A（normative）では，技術や対策の選択へのガイド，Annex B（informative）では，その詳細な表，Annex C（informative）では，ソフトウェアのシステマティックケイパビリティのプロパティ，Annex D（normative）では，適合アイテムの安全マニュアル−ソフトウェア要素の追加要件，Annex E（informative）では，IEC 61508-2 と IEC 61508-3 との関係，Annex F（informative）では，単一コンピュータ上のソフトウェア要素間の非干渉を実現するための技術，Annex G（informative）では，データ駆動型システムに関連するライフサイクルを調整するためのガイダンスについて述べられている．

これらのうち，Annex A（normative）では，ハードウェア設計に起因する系統的故障を制御するための手法と対策が，Part 2 と同様に図 2.30 のような形式でまとめられている（表 A.1 〜 A.6）．

(4) Part 4 用語の定義および略語

Part4 では，機能安全に関わる用語の定義について書かれている．

(5) Part 5 安全度水準決定方法の事例

Part5 では，SRS の信頼度，すなわち，安全度水準（SIL）を解析で求める方法について書かれている．

またさらに，Annex A（informative）では，リスクと安全性の整合性−一般的な概念，Annex B（informative）では，SIL を決定するための方法の選択，Annex C（informative）では，ALARP 許容リスクの概念，Annex D（informative）では，SIL の決定：定量的方法，Annex E（informative）では，SIL の決定：リスクグラフ法，Annex F（informative）では，保護分析層（LOPA：layer of protection analysis）を用いた準定量法，Annex G（informative）では，SIL の決定−

定性法:危険事象の重大度マトリックスについてそれぞれ述べられている.

(6) Part 6　第2部および第3部の適用指針

Part 6 では,E/E/PES の信頼度をアーキテクチャ構成を基にして算出する事例について書かれている.このパートは大半が Annex で占められている.

Annex A(informative)では,IEC 61508-2 および IEC 61508-3 の適用,Annex B(informative)では,ハードウェア障害の確率を評価する手法の例,Annex C (informative)では,診断カバレッジと安全な故障分率の計算−作業例,Annex D(informative)では,E/E/PE システムにおけるハードウェア関連の共通原因故障の影響を定量化する方法論,Annex E(informative)では,IEC 61508-3 のソフトウェア安全性適合性テーブルの適用例について述べられている.

(7) Part 7　技術および手法の概観

Part 7 では,Part 2 および Part 3 に関係する安全技術・手法が紹介されている.このパートも大半が Annex で占められている.

Annex A(informative)では,E/E/PE 安全関連システムのための技術と対策の概要:ランダムハードウェア故障の制御(IEC 61508-2 参照),Annex B (informative)では,E/E/PE 安全関連システムの技術と対策の概要:システマティック故障の回避(IEC 61508-2 および IEC 61508-3 参照),Annex C (informative)では,ソフトウェアの安全適合性を実現するための技術と対策の概要(IEC 61508-3 参照),Annex D(informative)では,事前に開発されたソフトウェアのソフトウェアの安全適合性を判断する確率的アプローチ,Annex E(informative)では,ASIC の設計のための技術と施策の概要,Annex F(informative)では,ソフトウェア・ライフサイクル・フェーズのプロパティの定義,Annex G(informative)では安全関連オブジェクト指向ソフトウェア開発ガイダンスについて述べられている.

コラム

『ディープ・インパクト』・『アルマゲドン』

　安全性を論じる際に許容できる危険性として,「隕石に当たって死亡する確率」というたとえがよく使われる.

　コラム「ハイボールの語源」(p.45)で紹介したような,鉄道分野で使われている重力を利用したフェールセーフの仕組みの数々を他業界の方に説明したら,以下のような反応が返ってきた.

　「それなら,小惑星が衝突して地球が破壊されない限り安全ですね.」

　ちょうど,小惑星や彗星が地球に衝突するという想定のSF映画が相次いで上映されていたときであった.

　重力を利用したフェールセーフの仕組みとして,踏切の遮断桿とリレーが挙げられる.制御装置が正常なときには踏切の遮断竿はモータにより上げられているが,制御装置が故障したり停電すると,モータに電力が供給されなくなるので,重力により遮断竿が下がってきて踏切を遮断する.

　リレーも,接点が故障によりONとなる確率がOFFとなる確率よりも著しく小さい非対称故障特性を持った構造となっている.欧州では現在も重力で接点がOFFとなる方式が主流で,日本ではスプリング式のリレー(IEC 62912-2 "Railway applications - Direct current signalling monostable relays - Part 2：Spring type relays")が主流となっている.スプリング式の場合も,接点がOFFとなる方向にスプリングの弾性力に加えて重力が働くように設置している.このような背景から,鉄道分野では特にリレー接点がONとなることを「扛上(こうじょう)」,OFFとなることを「落下」と呼んでいる.

2.5

安全の将来展望

　安全に関する将来展望に関するトピックスとしては, 2020年11月に IEC White Paper Safety in the future：2020 が発行されたこと[15], 近年人工知能 (AI)の発達に伴い, 制御に人工知能を導入すること, その際の安全性の確保について検討されていること[16], IEC TC 65/WG 20 において安全とセキュリティの統合化へのフレームワークを議論されていること[17]がある.

　IEC White Paper Safety in the future：2020 では, 安全を実現する最新技術(高速通信, AI, 量子コンピュータ)や社会・立法動向, そのほかの背景を踏まえて, 将来の安全の動向として, 事故ゼロに向けて労働安全を進める Vision Zero, 人と機械と環境を IoT で結ぶ協調安全(Safety 2.0), 途上国を含めた近代的生活への必要不可欠なユニバーサルな資源としての LVDC(低電圧直流電力)を挙げている.

　AI の機能安全に関しては, 機能安全規格 IEC 61508 のメインテナンスティームである IEC TC 65/SC 65A/MT 61508 と, AI/Trustworthiness に関するワーキンググループである ISO/IEC JTC 1/SC 42/WG 3 との間で ISO/IEC TR 5469 "Artificial intelligence-Functional safety and AI systems"制定に向けたリエゾン活動が進められている.

2.5.1　AI の安全性　● ●

　第2次 AI ブーム中に提案された「ニューラルネットワーク」を発展させた「ディープ・ラーニング」(深層学習)の研究が起爆剤となり, 現在再び AI の研究が活発に進められており, 第3次 AI ブームと呼ばれている. ディープ・ラーニングを初めとする人工知能は人知を超えた最適解を提供してくれるが, その安全性は必ずしも保証されたものではない. そこで人工知能の動作の安全性を検証, 保証する技術を付加することにより, 人知を超えた安心・安全な最適解を得られることが期待される.

　なおディープ・ラーニング(DL)とは，図2.31に示すように中間層が2層以上あるニューラルネットワークによる機械学習の方法である．ディープ・ラーニングは現在，主に自動運転をテクノロジードライバに発展していて，特に，GPGPU(Graphics Processing Unit)[2]を用いた大規模ディープ・ラーニングによる物体認識において大きな進歩が見られる．現時点での適用先は，物体(障害物，道路)認識系がメインで，今後計画系，制御系への適用により予測機能の付加が期待される．特に制御系への適用に当たっての安全確保が課題となる．

　ディープ・ラーニングは，図2.32に示すように「教師あり学習」，「教師なし学習」，「強化学習」の3つに分類される．

　「教師あり学習」は入力データとそれに対応する出力データを人間が提供して実施する学習の方法で，学習により得られたニューラルネットワークの重みデータ量は学習データ量よりもはるかに小さいため，データ圧縮の効果が期待できる．

　「教師なし学習」は入力データのみを人間が提供し，それに対応する出力

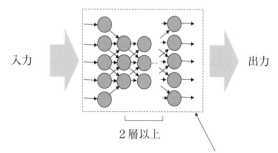

入力　　　　　　　　　　　　　　　　　　　　　　　　　出力

2層以上

次元圧縮,伸張(復元)機能をもつものをオートエンコーダと呼ぶ

図2.31　ディープ・ラーニング

---

2)　GPUのデータ並列計算とパイプライン処理に特化した機能に着目し，画像処理以外の目的に応用することをGPGPU(General-Purpose Computing on Graphics Processing Units)と呼ぶ．

・教師あり学習

入力とそれに対応する出力が提供される

入力 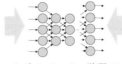 出力（ラベル）人間が作成

データ圧縮　ニューラルネットワーク重みデータ<学習データ

・教師なし学習

入力のみが提供され，それに対応する出力は提供されない

入力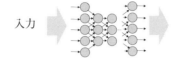

データマイニング的　潜在変数の抽出は可能，ラベリングは苦手

・強化学習

対象（環境）に影響を及ぼした結果の評価関数を報酬として学習する．対象がリアル／バーチャル*の場合がある
*例えばAlphaGo Zero

入力 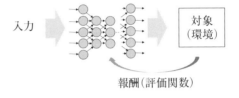 対象（環境）

報酬（評価関数）

自動最適化

図2.32　ディープ・ラーニングとそのメリット

データは提供せずに実施する学習の方法で，与えられた入力データにより中間データや出力データが得られるため，多変量解析などのデータマイニング的な動作が期待できる．ただし，「教師なし学習」によって得られた中間データや出力データの特徴量のラベルづけは人間に残された作業である．

「強化学習」は対象（環境）に影響を及ぼした結果の評価関数を報酬として学習する方法で，ニューラルネットワークの動作や学習の報酬となる評価関数の算出は人間が介在することなく実現できるため，ニューラルネットワークの学習すなわち最適化の自動化が期待できる．なお，「強化学習」では対象がリアルなものかバーチャルなものかは問わず，例えばAlphaGo Zeroでは碁盤というバーチャルなマイクロワールドを対象としている．

AI，すなわちこれらニューラルネットワークを用いたディープ・ラーニングの安全性については，「教師あり学習」では推論結果の安全性はまず教師

データ次第であり，また教師データが安全なものであったとしても不完全な汎化性の影響がなおも懸念される．汎化性とは学習に用いない未知のデータに対する対応能力で，このときの誤差(汎化誤差)が安全な範囲を超えると危険事象を発生させることが懸念される．「教師なし学習」では，出力データは人間が提供するものではないので安全性の担保はなく，多変量解析，データマイニング的動作の結果を人間が判断して利用すれば安全に活用できることが期待される．「強化学習」でも推論結果の安全性はまず評価関数次第であり，評価関数が安全なものであったとしても不完全な汎化性の影響がなおも懸念されるのは「教師あり学習」と同じである．

AI の安全性についての社会のとらえ方を表 2.5 にまとめる．

まず歴史を紐解くと，AI の安全性に言及したものは第一条で人間に危害を与えないことを謳った「ロボット工学三原則(Three Laws of Robotics)」[18]が最初であろう．本書のメインテーマである機能安全規格 IEC 61508 では，Part 3 Annex A Table A.2(図 2.30，p.65 参照)の形式に AI によるデータ訂正は

表 2.5　AI の安全性

・ロボット工学三原則(Three Laws of Robotics)

・ IEC 61508 Part 3 Table A.2；SIL 2-4：NR(Not Recommended)

・アシロマ会議 AI 原則(Asilomar AI Principles)
https://futureoflife.org/ai-principles/
　1975 年に遺伝子組換えに関するガイドラインが議論された会議．2017 年に「人類に有益な AI」に関して「研究」，「倫理と価値基準」，「将来の問題」について議論され AI に関する 23 原則が発表された．「倫理と価値基準」には，安全性，透明性，責任，価値観の一貫性，人間の価値，プライバシ，人間によるコントロール，社会システム非転覆，AI 軍拡競争回避など人類の存続に関する事項が含まれている．

・AI ネットワーク社会推進会議　報告書2017–総務省
http://www.soumu.go.jp/main_content/000499624.pdf
第 2 章　AI 開発ガイドライン

SIL 2 - 4 について NR(Not Recommended)と明記されている．その後，2017年にアシロマ会議が開催されてアシロマ会議 AI 原則(Asilomar AI Principles)が発表された[19]．アシロマ会議はそれ以前には 1975 年に遺伝子組換えに関するガイドラインを議論するために開催されたことで知られており，人類の存亡に関わる新たな科学技術の台頭に際して開催される会議である．2017 年のアシロマ会議では「人類に有益な AI」に関して「研究」，「倫理と価値基準」，「将来の問題」について議論され AI に関する 23 原則が発表された．「倫理と価値基準」には，安全性，透明性，責任，価値観の一貫性，人間の価値，プライバシ，人間によるコントロール，社会システム非転覆，AI 軍拡競争回避など人類の存続に関する事項が含まれている．

　一方国内に目を向けると，2016 年に総務省 AI ネットワーク社会推進会議より「国際的な議論のための AI 開発ガイドライン案」が公開され[20]，翌年2017 年に総務省より「AI ネットワーク社会推進会議　報告書 2017」が出され[21]，その第 2 章に「AI 開発ガイドライン」が含まれている．

　以上のような背景から，筆者の研究グループは安全性が要求される分野にAI を使用するためには，図 2.33 に示すように AI による知能化制御の出力を常に検証する安全検証機能を付加し，安全検証機能が知能化制御の出力が安全であると検証できたときにのみ制御を許すようなシステムを提案している[22]~[25]．AI による知能化制御は人知を超えた最適解を出すが，必ずしも安全とは限らない．そこで安全検証機能を付加してこそ，人知を超えた安全な最適解を出すことが可能となる．

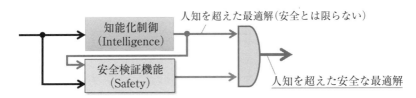

図 2.33　AI を安全に利用するためには

第2章の引用・参考文献

[1]　ウィキペディア：「機能安全」
https://ja.wikipedia.org/wiki/ 機能安全

[2]　J.C. Laprie："Dependable computing and fault tolerance：concepts and terminology", *Proc. 15th IEEE Int. Symp.on Fault-Tolerant Computing*, FTCS-15, pp.2-11, Ann Arber, MI., 1985.

[3]　About IFIP Working Group 10.4
https://www.dependability.org/wg10.4/

[4]　金川信康，山口伸一朗，嶋庸介：「最適クロックダイバーシチによる障害検出・回復カバレッジの向上」，『電子情報通信学会論文誌』，電気情報通信学会，J85-D-I, 1, pp.53-60, 2002 年.

[5]　A.Avizienis："The N-Version Approach to Fault-Tolerant Software", *IEEE Transactions on Software Engineering*, vol. SE-11, No.12, pp.1491-1501, 1985.

[6]　Losq："A Highly Efficient Redundancy Scheme: Self-Purging Redundancy", *IEEE Transactions on Computers*, Vol.C-25, No.6, pp.569-578, 1976.
DOI：10.1109/TC.1976.1674656.

[7]　金川信康，前島英雄，加藤肇彦，井原廣一：「新しい多数決方式によるフォールトトレラントコンピュータシステム」，『電子情報通信学会論文誌D』，Vol. J73-D1, No.2, pp.109-116, 1990 年.

[8]　T. Takano, T. Yamada, K. Shutoh and N. Kanekawa："Fault-tolerance experiments of the 'Hiten' onboard space computer", *[1991] Digest of Papers. Fault-Tolerant Computing：The Twenty-First International Symposium*, pp.26-33, 1991.
DOI：10.1109/FTCS.1991.146628

[9]　Reactor Safety Study, WASH-1400 (NUREG-75/014)
https://www.osti.gov/biblio/7134133

[10]　運輸省：「昭和 62 年度運輸白書」，第 8 章「安全，災害，環境対策の推進 第1節　交通安全の確保　1 交通事故の概況」，1988 年.
https://www.mlit.go.jp/hakusyo/transport/shouwa62/ind000801/001.html

[11]　Raul E. Lopez, Ronald L. Holle："Changes in the Number of Lightning Deaths in the United States during the Twentieth Century", *Jounal of Climate*, Vol.11：Issue 8, pp.2070- 2077, 1998.

[12]　Ron Bell："Introduction & revision of IEC 61508", *Measurement and Control*, Vol.42, No.6, pp.174-179, 2009.

[13]　Jim Gray："Why Do Computers Stop and What Can Be Done About It?", *TANDEM COMPUTERS Technical Report*, 1985.

[14]　黒羽法男，加藤匡史，田中茂：「エッセンス情報引継ぎ方式による OS の フォールトトレラント化」，『情報処理学会全国大会講演論文集』，Vol.40, No.2, pp.750-751, 1990 年.

[15]　IEC White Paper Safety in the future：2020
　　　https://webstore.iec.ch/publication/67876

[16]　ISO/IEC AWI TR 5469 "Artificial intelligence－Functional safety and AI systems"
　　　https://www.iso.org/standard/81283.html

[17]　WG 20 Industrial-process measurement, control and automation－Framework to bridge the requirements for safety and security
　　　https://www.iec.ch/ords/f?p = 103:14:711455378398676

[18]　アイザック・アシモフ著，伊藤哲翻訳：『わたしはロボット』，東京創元社, 1976 年.

[19]　Asilomar AI Principles
　　　https://futureoflife.org/ai-principles/

[20]　AI ネットワーク社会推進会議：「国際的な議論のための AI 開発ガイドライン 案」
　　　https://www.soumu.go.jp/main_content/000490299.pdf

[21]　総務省：「AI ネットワーク社会推進会議　報告書 2017」
　　　http://www.soumu.go.jp/main_content/000499624.pdf

[22]　金川信康：「人工知能の制御へのより安全な適用について」，第 6 回情報科学 技術フォーラム，FIT 2017, C-003、2017 年.

[23]　中川慎二：「組み込みシステム向け異常検知方式」，第 6 回情報科学技術フォー ラム，FIT 2017, F-013, 2017 年.

[24]　広津鉄平，堀口辰也，中村敏明，田向権：「深層学習を活用した高精度知能化 制御の提案」，第 6 回情報科学技術フォーラム，FIT 2017, CF-007, 2017 年.

[25]　西田武央，奥出真理子：「隠れマルコフモデルを用いた複数個体による高信 頼環境情報の推定技術」，第 6 回情報科学技術フォーラム，FIT 2017, CO-014, 2017 年.

第3章

自動車の機能安全

　自動車は，運転手の操作に基づいて「走る」，「曲がる」，「止まる」を実現する制御システムである．自動車は利用者の移動時間を短縮できる利便性を提供する一方で，車両同士や障害物，歩行者への衝突事故などの安全性の懸念がある．そのため，利便性と安全性とコストのバランスを重視する製品特性を要しており，低コストで機能安全を達成するための技術が重要視される．

　本章では自動車の機能安全を紹介する．3.1 節ではこの製品特性に基づいて発展した自動車の機能安全の特徴と，IEC 61508[1] の分野規格として自動車向けに策定された機能安全規格 ISO 26262 "Functional Safety"[2] を中心に解説する．3.2 節では，自動車分野向けのリスク水準である Automotive Safety Integrity Level(ASIL) によるリスクの評価手法について事例を用いて解説する．

3.1

自動車の機能安全

　自動車は利便性と安全性とコストのバランスを重視しなくてはならない製品特性がある．この製品特性を理解いただくために，自動車の機能安全の特徴と，自動車分野におけるリスクの考え方を紹介する．そして，プラントなどに適用される IEC 61508 をベースに自動車用に改修した機能安全規格となる ISO 26262 の用語を説明するとともに，自動車の機能安全コンセプト，機能安全規格対応の開発プロセス，規格認証を紹介する．最後に機能安全規格 ISO 26262 の全体構成と，他の安全規格との関係に関しても説明する．本節では，自動車分野における機能安全の考え方に関連するものを広く紹介することに留意する．したがって，規格の内容の詳細は原本を参照されたい．

3.1.1　自動車の機能安全の特徴 ●

（1）　制御システムとしての特徴

　自動車は，運転手の操作に基づいて「走る」，「曲がる」，「止まる」を実現する制御システムである．自動車は利用者の移動時間を短縮できる利便性を提供する一方で，車両同士や障害物，歩行者への衝突事故などの安全性の懸念を備えている．そのため，自動車は利便性と安全性とコストのバランスを重視する製品特性を要しており，低コストで機能安全を達成するための技術が重要視される．

（2）　自動車の機能安全の進化の歴史

　自動車の機能安全は歴史とともに進化してきた．進化の歴史を用いて自動車の機能安全の特徴を説明する[3]．図 3.1 に示すように，自動車分野における安全機能は，衝突事故発生時の被害を低減する受動的安全から始まった．受動的安全は衝突安全やパッシブセーフティとも呼ばれる．例えば，1950 年代にはシートベルトやクラッシャブルゾーンを備えた衝突吸収ボディが開発された．

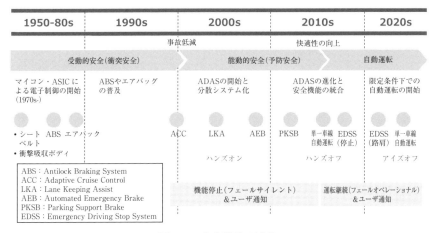

図 3.1　安全機能の進化

　その後，1970 ～ 80 年代になると排ガス対策・快適性向上のために，マイコン・ASIC による電子制御が始まり，これに伴って衝突安全が電子制御化されたエアバッグが開発された．

　また，受動的安全とは異なる流れとして，電子制御の洗練に伴い，衝突事故そのものを回避する能動的安全が 1990 年末から大きく発展してきた．能動的安全は予防安全やプリクラッシュセーフティとも呼ばれる．予防安全は，レーダやカメラのような外界認識センサと加減速制御や操舵制御が連携した協調制御で実現される．1980 年ごろに誕生した急制動時に車輪のロックを防止するABS（Anti-lock Braking System）から始まり，その後 2000 年代になると，前方車両と一定速度で車間距離を保ち走行する ACC（Adaptive Cruise Control），車線逸脱時の運転手への警報や車線内に戻る制御を支援する LKA（Lane Keeping Assist），前方障害物との衝突被害を軽減する AEB（Automated Emergency Brake），後方の障害物との衝突被害を軽減する PKSB（Parking Support Brake）などのシステムが開発された．これらのさまざまなシステムは，現在予防安全アプリケーションとして実装され，これを統合するコントローラとして，先進運転支援システム（Advanced Driver Assistance System：ADAS）コントローラが設けられている．

　2010年代後半になると，予防安全と快適性の高次元化が進み，自動運転機能が条件付きながらも実現されてきている．例えば，現在の単一車線自動運転は，ナビに設定したルートとレーン情報を保持した地図情報に連携するLKAと，低速から高速までの広い速度域に対応したACCを組み合わせることで実現され，ハンドルから手を離すことができるハンズオフに対応している（運転手が前方を注視している必要はある）．ハンズオフと比較して，ハンドルから手を離すことができないことをハンズオンと呼ぶ．ハンズオン，ハンズオフに限らず，運転支援中にシステムに異常が発生した場合には，警告を発行し，システムから運転手に運転操作を引き継ぐこととなっている．

　この例のように，自動車分野の能動的安全では，最終的な安全は運転手が保証する考え方が採用されてきた．**第4章 p.142**で紹介する鉄道分野での考え方と比較すると興味深いと考える．

　2020年代になると，運転手に異常が発生し，最終的な安全を運転手に頼れない場合を想定し，運転手を介さずにシステムが最終的な安全まで保証できるようになってきている．例えば，運転支援中に運転手の体調に異常が起き，運転継続が困難な場合には，システムが自動で検知し，システムが安全に車両を停止させるドライバー異常対応システム（EDSS：Emergency Driving Stop System）の搭載が始まっている．

　他にも，ハンズオフから運転手が前方を注視する制限を排除したアイズオフ対応の単一車線自動運転では，自動運転中にシステム異常が発生した場合，運転手に運転操作を引き継ぎたいが，何らかの理由で運転手が運転操作を引き継げない場合，システムで異常が起きているにもかかわらず，システムが安全に車両を停止させる必要がある．ハンズオンやハンズオフでは，システム異常時には運転手が即座に運転操作を引き継げるために，システム異常時には機能停止するフェールサイレント（Fail Silent）ベースのフェールセーフ（Fail Safe）が採用されるが，アイズオフではシステム異常発生後であっても安全な場所までシステムが自動で走行して停止するフェールオペレーショナル（Fail Operational）が求められる．

(3) 法改正の動向

このような自動運転技術の進化に合わせて，自動運転に関する法改定も進んでいる．例えば，自動運転に関する国際条約（ウィーン道路交通条約，ジュネーブ道路交通条約）では，運転手の存在を前提にして自動運転システムへの運転委託を認めるように改定される動きがある．日本においては，この動きに合わせて，2020年4月に道路交通法と道路運送車両法が改正・施行された．この改定では，自動運転システムによる車両走行も「運転」と定義されることで，公道においての自動運転が可能となった（米国自動車技術会(SAE)定義の自動運転レベル3）．

(4) 自動車の機能安全の特徴

ここまで述べたように，自動車の機能安全化は，衝突事故削減と快適性向上の両立に不可欠なものであり，自動運転の普及のためになくてはならないものになっている．ハンズオン，ハンズオフ，アイズオフと快適性が上がるほど，システム異常時に運転手が気づき走行状況を認識するまでに時間を要するために，運転手に運転操作を引き継ぐための時間が多く必要となる．したがって，運転手とシステムが連携してリスク低減を図るために，フェールオペレーショナルが必要となるが，運転状況が複雑になるほど，システムに高度な安全機能が必要となる．

自動車（乗用車）はユーザが購入する製品であるため，車両コストの低減要求が強い特性をもっている．機能安全を実現する機能の過剰なスペックや過剰な品質は高コスト化につながるため，安全性と低コストを両立するための適切なリスク評価と，低コストで高信頼なシステム実装が重要となる．

3.1.2 自動車分野におけるリスクの考え方

(1) リスクの定義

自動車分野におけるリスクは，第2章で述べたIEC 61508の分野規格となるISO 26262で規定され，Automotive Safety Integrity Level(ASIL)で定

義する[2]．図 3.2 に示すように，ASIL は IEC 61508 の SIL と同様の曝露率（Exposure：E），危害度（Severity：S）に加えて，制御可能性（Controllability：C）を考慮して決定され，危害度に関して自動車事故で起こりうる傷害のレベルとして定義されている．制御可能性は故障発生後に運転手の操作によって回避可能な度合いである．

　例えば，ハンズオンの単一車線自動運転中に自動運転コントローラが故障したとしても，ハンズオン状態の運転手は手がハンドルに触れており，また前方を注視している状態であるため，警報によって運転手がシステム異常を察知した後，即座に運転操作を引き継ぐことができる．したがって，制御可能性の程度を示す C クラスが低い（数字が小さい）と考えることができる．

　ASIL は A から D の 4 段階からなり，機能安全の対象となる自動車制御システムの構成要素（アイテム）ごとに定義される．ASIL はアルファベットが進むほどリスクが高いことを意味する．図 3.3 はリスクを平面で表した ASIL 決定のイメージ図である[4]．縦軸は危害に遭う可能性，横軸は危害度を表す．危害度が大きいほど危害に遭う可能性は小さくなり，社会的に許容されるリスク

リスクの大きさ
（ASIL）　＝

危害度（S）：
S0：傷害なし
S1：軽度の傷害
S2：生命にかかわる深刻な（生存可能性のある）傷害
S3：命を脅かす（生存は不明）障害～致命的な傷害

×

曝露率（E）：
E0：信じられないほど低い
E1：非常に低い確率（傷害は稀な動作条件でのみ発生する可能性あり）
E2：低確率
E3：中確率
E4：高確率（傷害はほとんどの動作条件下で発生する可能性あり）

×

制御可能性（C）：
C0：一般に制御可能
C1：単純に制御可能
C2：通常制御可能（ほとんどの運転者は傷害を防ぐための行動可能）
C3：コントロールが困難または制御不能

図 3.2　ASIL の評価

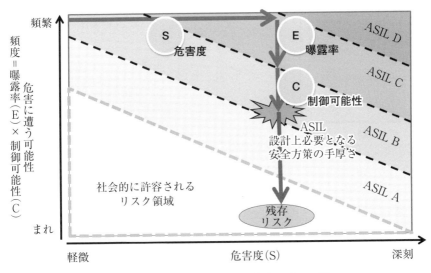

図 3.3　リスクに対する ASIL 決定のイメージ

は図のように右下がりの破線で表せるが，ハザードによる危害は深刻であり，S クラスが高くなる．縦軸の危害に遭う可能性は，曝露率と制御可能性の積で表せる．すなわち，回避が困難で，危害が大きい場合，図 3.3 の右上の ASIL D の領域になる．社会的に許容されるリスク領域を図の左下の破線領域内とすると，アイテムが最も ASIL の高い ASIL D の場合，この許容リスク領域に入れるためには，最も手厚い安全方策が必要になる．すなわち，ASIL は「必要とされる安全方策の手厚さ」を表している．

　ASIL に応じた安全方策の手厚さの例について図 3.4 に示す．ASIL が A から D に高くなるにつれて，プロダクト要件，プロセス要件ともにより手厚さが要求される．

　例えば，ASIL が高いほど高信頼な（故障率の低い）ハードウェアが求められる．ソフトウェアにおいても ASIL が高いほど高品質化に寄与する開発手法の適用が追加で求められる．しかしながら，高信頼なハードウェアほどコストが高く，高品質なソフトウェア開発手法ほど開発工数を要するという課題がある．

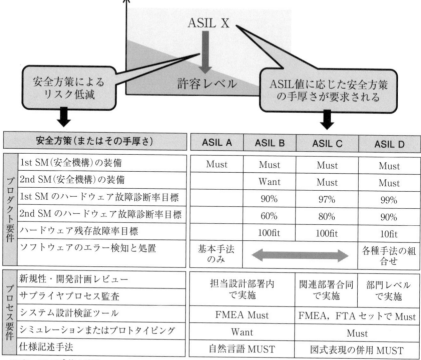

安全方策（またはその手厚さ）		ASIL A	ASIL B	ASIL C	ASIL D
プロダクト要件	1st SM（安全機構）の装備	Must	Must	Must	Must
	2nd SM（安全機構）の装備		Want	Must	Must
	1st SM のハードウェア故障診断率目標		90%	97%	99%
	2nd SM のハードウェア故障診断率目標		60%	80%	90%
	ハードウェア残存故障率目標		100fit	100fit	10fit
	ソフトウェアのエラー検知と処置	基本手法のみ	←――――――――→		各種手法の組合せ
プロセス要件	新規性・開発計画レビュー	担当設計部署内で実施		関連部署合同で実施	部門レベルで実施
	サプライヤプロセス監査				
	システム設計検証ツール	FMEA Must		FMEA，FTA セットで Must	
	シミュレーションまたはプロトタイピング	Want		Must	
	仕様記述手法	自然言語 MUST		図式表現の併用 MUST	

※1fit＝1×10^{-9}件／時間

図 3.4　ASIL に応じた安全方策の手厚さの例

　すべての安全機能について ASIL D とすることは，考えなしに過剰な高品質を追い求めているともいえ，コスト増や開発工数増が自動車の製品価格に影響を与えるため，現実的でない．例えば，ハンズオンの単一車線自動運転であれば，制御可能性が高いために低い ASIL とする，といったシステム仕様に合わせた安全分析と適切な ASIL 評価が，十分な品質で安価な製品価格を達成するために重要となる．ASIL 評価の流れは，**3.2 節**で事例を用いて解説する．

　ISO 26262 では，ASIL A よりも低いリスクを示すレベルとして QM（Quality Management）を設けている．ISO 26262 においては，QM に対して，具体的なハードウェアの信頼性要求やソフトウェアの開発手法を求めることはなく，各社の品質管理基準に則って開発することを求めている．

(2) リスク評価の困難さと解決に向けた取組み

リスクの大きさを図 3.2 に示したが，その項目からわかるように，客観ではなく主観で決定される面が大きい．例えば，曝露率は運転環境・状況によるところが大きく，どのような評価結果とするかは評価者の経験によるところが大きい．したがって，評価者が複数いる場合には，評価者間であっても意見が異なり，一意に決まらない可能性がある．また，危害度に関しては事故発生時の被害者の状態も大きい．低速の衝突であったとしても，被害者の状態によっては，転倒して頭部を強打するなど，致命的な傷害を及ぼす可能性がある．制御可能性においても，注意深い運転手とそうでない運転手では評価が異なる．

このように多様な解釈が発生しうるため，スコープを決定しないとリスク評価が収束せず，また収束した評価結果は特定の評価者間における主観値の域を出ない．つまり，結局のところ，評価者の知る情報や経験に基づいて議論されるため，未知・未経験の状況に関しては，評価漏れや誤った度合いで評価される可能性があり，本当のリスクを正しく評価することが本質的に困難な課題である．

このリスクの捉え方が異なると，例えば，自国で製造した自動車を他の国で販売する場合に，該当国の基準（規制・法令）を遵守できず，販売ができないといった問題に発展する．そこで，このような問題を回避するために，自動車分野では，国を超えて横断的に基準を議論する枠組みとして，国連自動車基準調和世界フォーラム（WP 29）を設けている．各国の基準を共通化することで相互認証が可能となる．

このとき，WP 29 の活動に矛盾なく，かつ，評価者の未知・未経験の状況のギャップを埋めるように広く議論し，リスクの相場観を技術的に形成する活動が重要となる．米国自動車技術会（SAE）はこの問題に取り組み，SAE J 2980 "Considerations for ISO 26262 ASIL Hazard Classification（ISO 26262 ASIL ハザード分類の考察）"[5] を発行している．これに従うことで，各国におけるリスク定義結果のずれを一定基準内に収めることが可能となる．この内容の詳細は **3.2 節**で紹介する．

3.1.3　自動車の機能安全規格における用語整理 ● ● ● ● ● ● ● ● ● ● ● ●

　機能安全規格 ISO 26262 では，自動車制御システムの車両動作に関わる機能について，安全性に関係のない機能を主機能(Intended Functionality：IF)，安全性に関係する機能を安全機能(Safety Mechanism：SM)と定義している．主機能が正常に動作できない事象が発生しても，安全機能によって安全目標が達成される．例えば，仮に自動運転中に IF「前方カメラを用いた物体認識」に誤検知が生じても，SM「別途前方 Lidar(Light detection and ranging)に

コラム

自動二輪車におけるリスクの考え方

　自動二輪車のための SIL として，ISO 26262 の Second Edition から Motorcycle Safety Integrity Level (MSIL)が定義されている．MSIL は ASIL と同様に QM から D までの5段階で構成され，曝露率(Exposure)，制御可能性(Controllability)，危害度(Severity)でリスクが評価され，MSIL で定義される．規格では MSIL を ASIL に対して1段階低くマッピングしている．

　自動二輪車と自動車の事故発生率を比較したとき，自動二輪車のほうが1桁高いが，経済性(販売価格・メンテナンスコスト)，利便性(小回り，駐車場所)，運転の楽しさ(風を感じる，エンジンの振動など)といった面で自動車よりも魅力的であり，例え安全性が相対的に低くても，社会に受け容れられていると捉えることができる．つまり，自動二輪車の事故発生率が現状で受け容れられていると考えて，自動車のハードウェア故障率に対応づけると，ASIL C 相当に該当する[4]．したがって，最も高い MSIL D を ASIL C に対応づけるような，1段低いマッピングとなっている．

よって障害物との距離を測り，衝突しないように減速する機能」を設けることで，安全目標を達成できる場合もある．安全目標は走行状況によって異なる．具体的な事例は，**3.2節**で紹介する．

　安全性保証のためにはSMの高信頼な動作が求められる．しかしながら，SMを電子制御で実現する場合，経年劣化やノイズなどによってECU（Electric Control Unit：電子制御ユニット）内のマイコンが正常動作しない可能性がある．したがって，特に高い安全性が求められるSMに対しては，SMが動作しない状態となっていないかをリアルタイムに監視する安全機能が求められる．このSMを監視する安全機能はSecond Safety Mechanism（2nd SM）と呼ばれる．

　図3.5に自動車制御システムの構成例を示す．運転手はリアルタイムに走行状況を把握し（認知），状況に応じた意思決定を行い（判断），ハンドル，アクセルペダル，ブレーキペダルなどを操作して自動車を制御する．したがって，自動車には「意図した操作に応じて期待どおりの動作が作動すること」や，「意図しない動作が発生し，危険が生じないこと」が求められ，アクチュエータの制御機能は高いASILのSMとして実装される．一方で，予防安全のための運転支援機能および自動運転（AD：Automated Driving）機能は，運転手の代わりに認知，判断をすることで実現される．

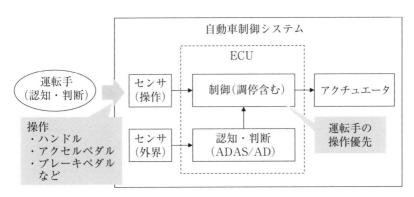

図3.5　自動車制御システムの構成例

　前述したとおり，自動車は，運転支援あるいは自動運転中にシステムの動作不具合が発生した場合には，運転手がハンドル・アクセル・ブレーキを操作することで，危険を回避できる安全設計思想となっている．そのため，運転手の操作がADASやADの制御指令値よりも優先するための調停機能（オーバライド）が設けられている．

　システムの動作不具合には，ソフトウェア不具合やハードウェア故障以外にも，走行状況（例：天候，路面状態など）によってセンサやアクチュエータが本来の想定性能を発揮できない条件に陥っている場合が考えられる．前者はISO 26262のスコープとなるが，後者は別の安全規格で補完される．つまり，安全な自動車の設計にはISO 26262だけでなく，他の安全関連規格も考慮する必要がある．3.1.8項で詳細を述べる．

3.1.4　自動車の機能安全コンセプト ● ● ● ● ● ● ● ● ● ● ● ● ● ● ●

（1）　機能安全コンセプト

　自動運転を例に用いて自動車の機能安全コンセプトを説明する．アイズオフの単一車線自動運転はフェールオペレーショナルに対応する必要があるが，ハンズオフに関しても車両OEMの安全設計思想によってフェールオペレーショナルが採用される．

　図3.6に高速道路を自動運転中に故障が発生したときのフェールオペレーショナル動作の例を示す．高速道路走行中に故障が発生すると（❶），運転手に運転操作の引継ぎを要求する．時間制限内に運転手が運転を引き継げない場合（❶），運転状況に応じた安全な場所に停車するまで自動運転を継続する．例えば，車両の周囲に注意喚起しつつ，レーン内で停止する（❷），路肩で停止する（❸），サービスエリアで停止する（❹）といった方法が考えられる．

（2）　システムアーキテクチャ

　このようなフェールオペレーショナルを実現するためには，図3.7に示すような従属故障が発生しない独立したグループで冗長にしたシステムアーキテク

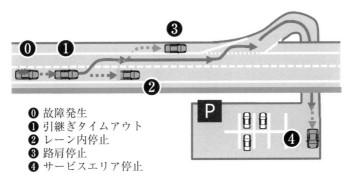

❶ 故障発生
❷ 引継ぎタイムアウト
❸ レーン内停止
❸ 路肩停止
❹ サービスエリア停止

図 3.6 フェールオペレーショナル動作の例（高速道路）

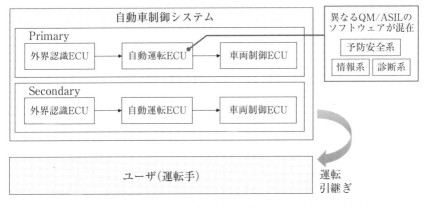

図 3.7 フェールオペレーショナル対応アーキテクチャの例

チャが採用される[6]．航空宇宙分野で採用されるフェールオペレーショナル動作が長い三重系と比べて，自動車分野では動作時間が短く，適正なコストが求められるために二重系が採用される場合もある．

　自動運転システムは外界認識 ECU（電子制御ユニット），自動運転 ECU，車両制御 ECU で構成され，これらの組合せを１グループとして，グループ単位で冗長系が構築される．それぞれのグループ（Primary と Secondary）は電源，ネットワーク，コントローラ，自動運転機能が独立しているため，例えば一方

のグループの ECU にハードウェア故障が発生しても，もう一方のグループへの影響がないために，安全に運転手に対して運転操作の引継ぎを実行できる．このように互いのグループが独立していることは「従属故障がない」ことを意味する．

　また，グループ内であっても1つのエレメント(ECU, ソフトウェア, ハードウェアなど)に異常が発生した際に，他のエレメントの異常が連鎖的に伝搬するカスケード故障が発生する場合がある(第2章 p.26 参照)．例えば，QM のソフトウェアに異常が発生し，異常が伝搬することで，他の ASIL のソフトウェアに対しても異常を引き起こす可能性がある．このようなカスケード故障が発生する場合には，関連する要素の ASIL を伝搬する範囲において最も高い ASIL に合わせるように定められている．

　これは ECU 内においても同様である．自動運転 ECU では多様な予防安全アプリケーションや，他 ECU の正常動作を監視するソフトウェア，自 ECU のハードウェアの故障有無を診断するソフトウェア，運転手への画面表示やロギングなどの情報系のソフトウェアといった多様なソフトウェアを混在して搭載しているために，QM や異なる ASIL が1つの ECU 内に混在している．したがって，適切な ASIL でのシステム実装に向けて，カスケード故障が起きない構成が求められる．

(3)　従属故障とカスケード故障と共通原因故障の関係

　図 3.8 に従属故障とカスケード故障と共通原因故障の関係を示す．従属故障がないとは，カスケード故障がないことと共通原因故障がないことの両条件を満たすことを意味する．共通原因故障とは複数のエレメント間の共通要因に異常が生じた際にそれが根本原因となって，他エレメントに異常が伝搬することである．

　カスケード故障を防止する方法として，ISO 26262 では Freedom From Interference(FFI：無干渉化)が提案されている．FFI の実現には故障の伝搬を防止する分離機構(パーティション)が必要となる．ISO 26262 ではカスケー

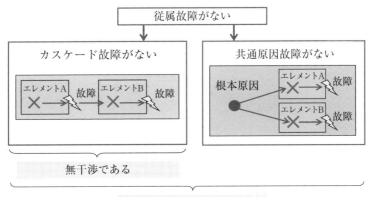

出典）　ISO 26262 を参考に筆者翻訳・修正

図 3.8　従属故障とカスケード故障と共通原因故障の関係

ド故障となる要因を時間要因（タイミングと実行），空間要因（メモリ），データ通信要因（情報交換）に分類し，要因例を紹介している．なお，ここに記載しているものは一部にすぎない．

　時間分離：ソフトウェアの実行ブロック，デッドロック，ライブロックなど

　空間分離：スタックオーバフローやアンダーフロー，他のソフトウェアエレ
　　　　　　メントに割り当てられたメモリのアクセス（上書き）など

　データ通信分離：情報の反復，遅延，損失，不正確な順序，なりすましなど

　例えば，上記が発生しても他のソフトウェアに影響を与えない分離機構をSM（Safety Mechanism：安全機構）として実現する必要がある．

　FFI を実現する分離機構によって SM を本来の ASIL のまま実装できるため，（ソフトウェアを開発する場合と比較して）FFI を用いずに最も高い ASIL に合わせた開発プロセスで開発工数の増加を防ぐことができる．しかしながら，FFI を実現するパーティショニングを構築する開発工数の増加と実行時のオーバヘッドが生じるため，総合的に判断する必要がある．

　例えば，1 つの ECU 内の同じハードウェアに QM と ASIL のソフトウェアが搭載され，QM のソフトウェアで計算した結果を車両制御に用いる場合，

ASIL の安全機能で QM の出力の安全性を監視する必要がある．このとき，基本的には QM のソフトウェアの実行後に ASIL のソフトウェアを実行するように，タスクを順次実行する必要があり，設計が複雑になる懸念がある．したがって，FFI によって過度に設計が難しくなる場合には，FFI の実現をあきらめ，QM ソフトウェアを ASIL 品質で開発する決断も状況に応じて必要となる．

(4) ECUアーキテクチャ

　QM や ASIL のソフトウェアを実行する ECU におけるアーキテクチャの例を図 3.9 に示す．これは1つの ECU 内で3つのソフトウェアを動かすときの例となっており，FFI の有無，ハードウェアの数によって構成が異なっている．

　構成1は最も高い ASIL のソフトウェア3に合わせて，ハードウェアが ASIL D となっており，FFI がないためにソフトウェア1とソフトウェア2に

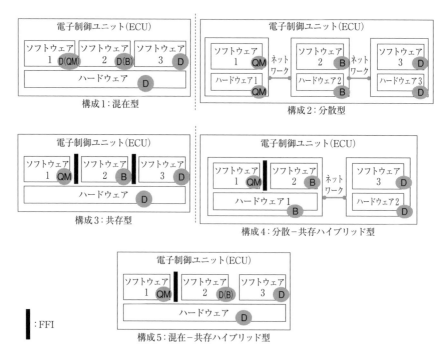

図 3.9　ECU アーキテクチャの例

おいても ASIL D で実装する必要がある．つまり，構成 1 は FFI がないために設計をシンプルにできる利点があるが，要求 ASIL よりも高い ASIL で実装することとなり，コストが高くなる課題がある．

　構成 2 は各ソフトウェアの ASIL に応じたハードウェアを用意し，ハードウェア間でネットワークを介して通信する分散型である．適正な ASIL で実装できる利点があるが，ハードウェア数が多く，ハードウェアコストが上がる懸念がある．

　構成 3 は FFI を用いた共存型である．ハードウェアは最も高いソフトウェアに合わせた ASIL D となるが，各ソフトウェアは適正な ASIL で実装できる．ASIL D のハードウェアは高性能化が難しく，また実現しても高額となる場合がある．

　構成 4 は構成 2 と構成 3 を融合させたハイブリッド型である．構成 3 の懸念であった ASIL D のハードウェア 2 で実行するソフトウェアを最低限とし，残りのソフトウェアを ASIL B のハードウェア 1 で FFI を用いて実行する構成としている．

　構成 5 は，構成 1 と構成 3 のハイブリッド型である．この例では，FFI による実行時のオーバヘッドが大きく，また，要求 ASIL と比べて ASIL D で開発したときの差が少なく，許容できる場合を想定している．例えば，QM と ASIL の間で FFI を用い，ASIL B のソフトウェア 2 は ASIL D で開発する方法である．

　自動車内には数十以上の ECU が搭載されており，各 ECU に対して，前述のような機能安全の検討が必要である．

3.1.5　機能安全規格対応の製品開発プロセス ● ● ● ● ● ● ● ● ● ● ● ● ● ●

　機能安全の視点から見た自動車分野の製品開発プロセスの特徴は，ハザードに基づくトップダウン型開発である．自動車分野で重視される低コストの機能安全システムを実現するために重要となるハザードに対応した，適切な ASIL の定義と機能安全設計は，ISO 26262 で定義された**図 3.10** に示す安全ライフサ

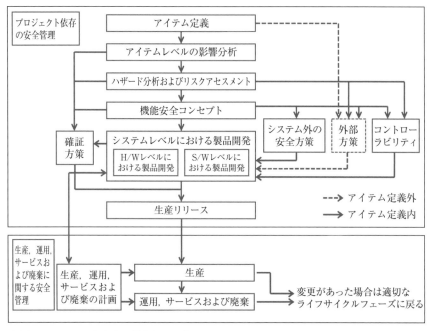

出典） ISO 26262 を参考に筆者翻訳・修正

図 3.10　安全ライフサイクルに関する管理活動

イクルに関する管理活動として定義される．

　自動車制御システムの構成要素はアイテム（3.2 節参照）として定義され，ア
イテムレベルの影響分析がなされる．ここではアイテムが新規開発か既存開発
の流用かといった観点で，影響を分析する．そして，ユースケースおよび機
能構成に基づいてハザードを分析し，リスクを ASIL で評価する．このリスク
が許容可能となるまで安全機構を配置し，低減することで機能安全コンセプ
ト（3.2 節参照）を構築する．機能安全コンセプトを構築する際，開発対象の電
気・電子で施行する外部方策（例：タイヤ），システム外の安全方策（例：機械
式，油圧式），コントローラビリティ（制御可能性）も併せて考慮する．システ
ムレベルにおける製品開発では，安全コンセプトを実現するためのシステムの
機能安全要件と，機能安全要件を達成するための技術安全要件を定義する．そ

コラム

既開発ソフトウェアや OSS の利用

ISO 26262 では，トップダウンアプローチの開発プロセスで設計品質を保証することを前提としている．しかしながら，既存プログラムが数十万行を超える場合がある自動車制御システムにおいては，プログラムを一から機能安全開発プロセスに則って再開発することは，期間と費用を考えて現実的に難しい．そのため，機能安全規格発行前に開発した製品のプログラムを流用しつつ，機能安全に対応できることが望まれる．しかし，開発済みのソフトウェアの品質を定量的に評価する技術は本質的に難しく，まだ確立に至っていない．そこで ISO 26262 では，IEC 61508 と同様に，すでに製品実績があり，十分な品質を有するプログラムは機能安全開発プロセスに則っていなくても ASIL として扱うことを認めている(Proven in Use)．

現状，利用実績として認められる明確な基準は設けられていない．これは，対象となるソフトウェアの複雑性や搭載製品の出荷台数，利用状況を厳密に定義する必要が出てくるため，明確な一定の基準を規格として設けることは困難だからである．したがって，今後自動車業界においての相場観が醸成され，例えば，「X km 走行し，該当ソフトウェアに起因する事故が 0 件の場合には ASIL-Y 相当と見なす」といった明文化がなされることが期待される．

この利用実績による ASIL 適用は，機能安全規格発行前のプログラムへの適用に限らない．例えば，オープンソースソフトウェア(OSS)への適用も考えられる．自動車の高機能化に伴い，他の産業システムや情報システムで用いられる OSS を SM に使用したい要求がある．しかしながら，OSS が機能安全プロセスに基づいて開発されていない限り，ASIL として使用することができない．そこで使用実績(Proven in Use)を利用した ASIL 適用が考えられる．この場合，

一度 IF（主機能）として OSS を利用して製品化を行い，ASIL として認められる使用実績を積んだ後に，ASIL として使用することができる．しかしながら，Proven in Use が有効となるのは，完全に同条件であることが求められるため，プログラムバージョンを固定する制約が生じることに留意が必要である．また，ISO 26262 とは別の枠組みで，OSS を含む既存ソフトウェアを機能安全規格に対応させるための規格として，ISO/AWI PAS 8929 "Road vehicles-Functional safety-Qualification of pre-existing software products for safety-related applications" の議論が行われている．今後の動向に注目したい．

して，ハードウェア（H/W）とソフトウェア（S/W）の安全要件に詳細化して定義され，ソフトウェアやハードウェアに SM として実装される．各フェーズの成果物は確証方策（confirmation measure）としてレビュー，監査，評価されることとなる．

　このように，機能安全規格対応の開発プロセスでは，ハザードの抽出からリスクを低減する安全要件の抽出，および安全要件が正しく実装されることをプロセスを追跡・管理することで品質を保証している．また，ISO 26262 では開発後の生産，運用，サービス，廃棄に関する安全管理に関しても述べている．機能安全プロセスのハザード分析およびリスクアセスメントを適用した事例を 3.2 節で紹介する．

3.1.6　自動車分野の機能安全規格の認証 ● ● ● ● ● ● ● ● ● ● ● ● ● ● ● ●

　ISO 26262 は規格に準拠した開発であるか否かを確証方策の監査などを通じて確認するため，IEC 61508 のように認証機関による規格準拠の監査が必須ではない．したがって，自動車製造メーカ（OEM）を中心に，各サプライヤも互いに規格準拠を示し合うことで製品開発を遂行している．

しかしながら，ISO 26262においても認証機関による規格認証が意味をもつ場合がある．例えば，業界全体から信頼を得ることができる利点がある．そのため，基本ソフトウェアや半導体などは認証機関からの認証を受けた製品が多い．

そもそも，規格対応で求められる開発プロセスは，安全性を向上させるstate-of-the-artの開発プロセスおよび開発方法論のベストプラクティスで構成されているため，認証の有無に関わらず，製品の安全品質を向上させるために有用である．

3.1.7 機能安全規格の全体構成

本項では，ISO 26262の規格書の章構成および内容の概要を紹介する．規格書はPartごとでの購入が可能であるため，参考になれば幸いである．**図3.11**にISO 26262の章構成を示す．

Part 1は用語集となっている．本規格のすべての部分における用語，定義，略語の語彙を定義する．

Part 2では機能安全の管理に関して述べられている．自動車システムの機能

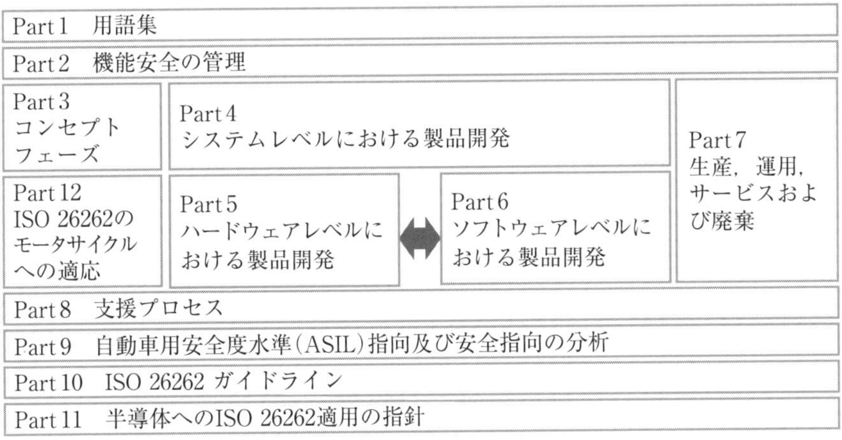

Part 1　用語集			
Part 2　機能安全の管理			
Part 3 コンセプトフェーズ	Part 4 システムレベルにおける製品開発		Part 7 生産，運用，サービスおよび廃棄
Part 12 ISO 26262のモータサイクルへの適応	Part 5 ハードウェアレベルにおける製品開発	Part 6 ソフトウェアレベルにおける製品開発	
Part 8　支援プロセス			
Part 9　自動車用安全度水準（ASIL）指向及び安全指向の分析			
Part 10　ISO 26262 ガイドライン			
Part 11　半導体へのISO 26262適用の指針			

出典）　ISO 26262：2018，図1を筆者翻訳・修正

図 3.11　ISO 26262 の章構成

安全管理の標準を提供し，組織全体の安全管理の基準と，個々の自動車製品の開発および生産のための安全ライフサイクルの基準を定義している．安全管理の概念に基づく ISO 26262 の安全ライフサイクルは次の Part3 以降で説明されている．

　Part3 - 7 では安全ライフサイクルに関して述べられている．安全ライフサイクルは，Part3 の「コンセプトフェーズ」，Part4 の「製品開発：システムレベル」，Part5 の「製品開発：ハードウェアレベル」，Part6 の「製品開発：ソフトウェアレベル」，Part7 の「生産，運用，サービスおよび廃棄」で構成されている．安全ライフサイクル内のプロセスは，危険(リスク)を特定して評価し，特定の安全要件を確立して許容レベルまでリスクを低減し，安全要件を管理および追跡して，納品された製品で達成できる妥当な保証を提供する．これらの安全関連プロセスは，従来の品質管理システムの管理要求ライフサイクルと並行して統合または実行されていると見なせる．

　Part8 では支援プロセスとして，ソフトウェアツールの利用方法や使用実績に基づいた品質の考え方(Proven in Use)といった機能安全対応製品開発に向けた補足事項が紹介されている．

　Part9 は「ASIL 指向および安全指向分析」に関して述べている．ASIL を再定義する ASIL Decomposition や，Decomposition の要件を満たした実装要件などが紹介されている．

　Part10 は「ガイドライン」である．本規格の理解・適用を容易にするために，他 Part の適用例や補足が紹介されている．

　Part11 は「半導体への ISO 26262 適用の指針」として，半導体への要求事項，用途，要求を想定して開発した汎的エレメント Safety Element out of Context(SEooC)コンセプトが示されている．

　Part12 は「ISO 26262 のモータサイクルへの適応」として，二輪車特有の事項が記載されている．特に，運動制御が難しい特性を考慮し，Controllability の決定方法について述べられている．

3.1.8　他の安全規格との関係 ● ● ● ● ● ● ● ● ● ● ● ● ● ● ● ● ● ●

　機能安全規格 ISO 26262 は，電気・電子的な不具合によってリスクが生じる場合に対しての安全設計を対象としている．そのため，本規格に対応することのみで十分な安全性を獲得できるわけではない．読者の次の指針となることを期待して，関係する他の安全規格を紹介する．

　危険を及ぼすイベントの要因と各規格との関係[7]を表 3.1 に，自動車分野の安全関連規格と用語の年表を図 3.12 に示す．ISO 26262 を補完して安全性を向上させる規格として，ISO/DIS 21448 "Safety Of The Intended Functionality"（SOTIF）[7]がある．SOTIF では，システムが電気電子的には正常動作しているが，リスクが生じる場合に対しての安全設計を対象としている．例えば，悪

表 3.1　危険を及ぼすイベントの要因と各規格との関係

対象	危険を及ぼすイベントの要因	関連規格
システム	E/E システム故障	ISO 26262
	・仕様の不備 ・性能限界 ・不十分な状況認識 ・合理的に予期できるミスユース	ISO/DIS 21448（SOTIF）
	運転手の混乱・過負荷・不注意を引き起こし，運転手に不適切な状況認識を与えるような，不正確で不十分な画面表示・機器操作	ISO/DIS 21448（SOTIF）
	システム技術（例：レーザセンサによる目の損傷）	各規格
外部要因	合理的に予期できるミスユース	ISO/DIS 21448（SOTIF）
	車両のセキュリティの脆弱性を突いた攻撃	・ISO/SAE 21434 ・SAE J 3061
	周辺環境や設備の変化（例：信号が変わる），V2V 通信，外部システムからの影響	・ISO/DIS 21448（SOTIF） ・ISO 20077 ・ISO 26262
	車両周辺からの影響 （他ユーザ，周辺環境や設備の状態（例：路面状況），天候，電波障害）	・ISO/DIS 21448（SOTIF） ・ISO 26262

出典）　ISO/DIS 21448 "Safety Of The Intended Functionality"

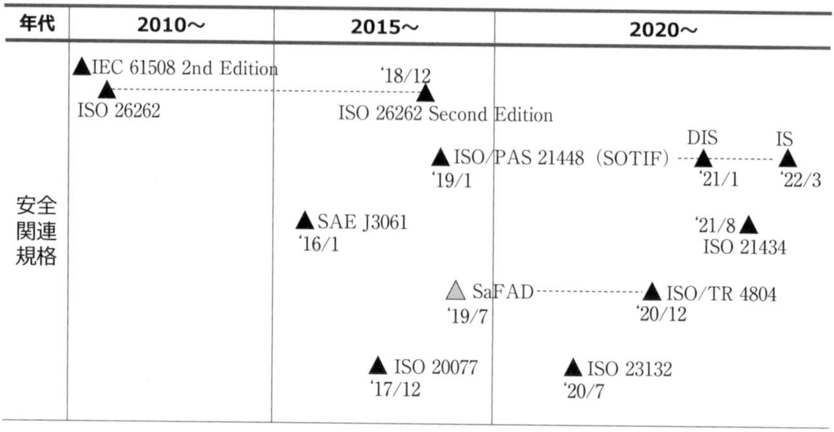

年代	2010〜	2015〜	2020〜

安全関連規格

▲IEC 61508 2nd Edition
ISO 26262

'18/12 ▲
ISO 26262 Second Edition

▲ISO/PAS 21448（SOTIF）
'19/1

DIS ▲ '21/1 ── IS ▲ '22/3

▲SAE J3061
'16/1

'21/8 ▲
ISO 21434

△ SaFAD ──────── ▲ISO/TR 4804
'19/7   '20/12

▲ ISO 20077
'17/12

▲ ISO 23132
'20/7

図3.12　自動車分野の安全関連規格と用語の年表

天候時にセンサの性能が低下し，安全機能が正常に動作しない「性能限界」の
ケースや，ユーザが間違えてシステムを操作するといった「ミスユース」に対
しての安全設計を対象としている．

　SOTIFでは，性能が発揮できる条件やユースケースを明確化するため
に，自動車制御システムが動作する条件を運行設計領域（Operational Design
Domain：ODD）として定義する．ODDは道路条件（高速道路，一般道路，路
面，レーン数，道路形状など），運行条件（最低速度，最高速度など），環境条
件（天候，夜間制限など），コネクティビティ条件（ジオフェンス，インフラ協
調の有無），ゾーン条件（地域ルール順守，スクールゾーン，工事現場）などで
構成される[8]．定義したODDにおいて，センサやアクチュエータの性能が正
常に発揮できる否かの性能限界を定義する．ミスユースに関してはヒューマン
エラーを分析するガイドワードを用いて，HMIを含んだ誤認識，誤操作，誤
判断が生じる要因の分析と対策を支援する．

　さらに近年は自動車のコネクテッド化が進んでおり，信号機などのインフ
ラ設備やクラウドと連携することで安全性を向上させる取組みも議論されて
おり，安全規格ISO 20077 "Extended Vehicle（ExVe）Methodology"[9]，ISO
23132 "Extended Vehicle（ExVe）Time Critical Applications"[10]が関係してい

る．コネクテッド化による負の側面として，セキュリティ攻撃によるリスクも考慮する必要がある．車両セキュリティの虚弱性を悪用する攻撃に対する安全設計は，ISO/SAE 21434 "Cybersecurity Engineering"[11]，SAE J 3061 "Cybersecurity Guidebook for Cyber-Physical Vehicle Systems"[12] が対応している．

また機械学習を自動車に安全適用するための規格として，SOTIF では IF に適用する方法を，ISO/TR 4804 "Safety and cybersecurity for automated driving systems"では，安全に適用するためのアーキテクチャ例を紹介している[13]．さらに，SM に機械学習を適用するための規格として ISO/PAS 8800 "Safety and Artificial Intelligence"の議論が始まっており[14]，今後の動向に注目である．

3.2

自動車の機能安全の事例

本節では，3.1 節で概説した ASIL を決定する ISO 26262 の Part3「コンセプトフェーズのハザードアナリシスおよびリスクアセスメント（HARA）」[15]について事例を用いて解説する．

3.2.1 アイテム定義 ●

ハザードアナリシスおよびリスクアセスメントの事例の前に，アイテムについて説明する．ISO 26262 では機能安全を実現する対象，すなわち，車両レベルの機能を実装するシステムまたはシステム群をアイテムと呼ぶ．図 3.13 に示すように，アイテムの範囲は車両で実現したい機能に必要なセンサ，コントローラ，アクチュエータを含んでおり，車両レベルの機能である「走る」，「曲がる」，「止まる」を実現するシステムである．アイテム定義ではこれから開発するアイテムが何かを記述し，その結果として，システム構想，機能要求および周辺を含む構成図，使用条件などが得られる．このアイテム定義の結果がハ

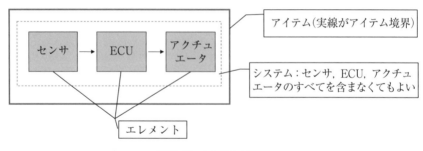

図 3.13　アイテム定義

ザード分析およびリスクアセスメントの入力になる.

3.2.2　ハザード分析およびリスクアセスメント ● ● ● ● ● ● ● ● ● ● ● ● ●

(1)　ハザード分析およびリスクアセスメントの流れ

　ハザード分析およびリスクアセスメントについて, 概要を図 3.14 に, 全体の実施内容を図 3.15 のフローチャートに示す. なお, 表 3.2(p.104)のフォーマットに示す❷アサンプションと❸HE No. は, それぞれ前提条件と ID のため, フローチャートには記載していない. ❶アイテム定義を実施後, 対象アイテムの機能不全による❹ハザードを識別する. ハザードは車両レベルの危険であり, 例えば急加速, 制動失陥などを表す. 次に, そのハザードがどのようなシチュエーション, 例えば周囲環境や車両状態で発生するか, ❺シチュエーション分析を行う. さらに, そのハザードがあるシチュエーションで発生したとき, ❻ハザーダスイベント(HE：Hazardous Event, 危険事象)の結果として, ❼どのような危害をもたらすかの検討をし, ❽シナリオを作成する.

　次に, ASIL を決定する. 図 3.14 にシナリオと各要素の関係を示したが, このシナリオはハザーダスイベント, すなわち, 図中のハザードとシチュエーションを組み合わせたものと, そのハザーダスイベントによって引き起こされる危害(例えば, 他の車両への衝突)と, 危害に対する運転者などの制御可能性が含まれる.

　ASIL の決定は, まずシナリオの中のシチュエーションに関する❾曝露率

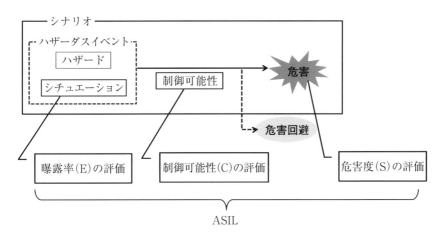

図3.14 ハザード分析およびリスクアセスメントの概要

図3.15 ハザード分析およびリスクアセスメントの実施フローチャート

(E)の評価，ドライバなどの❿制御可能性(C)の評価，危害に対する⓫危害度(S)の評価を行う．そして，E, C, S の各クラスを規格の ASIL 表に当てはめて，⓬ ASIL を決定する．

　ASIL が決定したら，最後にハザーダスイベントを防止または軽減する⓭安全目標と安全状態を決定する．

　以上がハザード分析およびリスクアセスメントの主な実施内容である．以降はこの流れに従って説明する．

3.2.3　ハザード分析およびリスクアセスメントの準備 ● ● ● ● ● ● ● ●

　ハザード分析およびリスクアセスメントの準備として，使用するフォーマットの例を**表3.2**に示す．

　表3.2によってアイテムのハザーダスイベントそれぞれの ASIL を評価し，まとめて記載することができる．本項では，このフォーマットに記載していく形で解説する．

(1)　❶アイテム，❷アサンプション，❸ HE No.

　❶アイテムには，例えば，電動パワーステアリングといったアイテム名を記載する．

　❷アサンプションには，例えば，アイテムが搭載される車両の車格(コンパクトクラス)や駆動方式(FF/FR)といった前提条件を記載する．

　❸HE No. には，ハザーダスイベントを識別する ID を記載する．

表3.2　ハザード分析およびリスクアセスメントフォーマット例

アイテム	アサンプション	HE No.	シナリオ			ASIL 評価			
			ハザード	シチュエーション (条件)	ハザーダスイベント 危害	曝露率(E) 根拠	制御可能性(C) 根拠	危害度(S) 根拠	ASIL
❶	❷	❸	❹	❺	❻ ❼	❾	❿	⓫	⓬

(2)　❹ハザードの識別

　❹ハザードの識別では，アイテムのハザードが何かを明らかにする．

　ハザードとは，「アイテムの機能不全によるふるまいにより引き起こされる危害になりうる原因」と定義され，車両レベルでのハザードは，急加速，急減速などの車両挙動で表される．

　ハザードを識別するためには，まず一般的に使用されているFMEA（Failure Modes and Effects Analysis），FTA（Fault Tree Analysis），HAZOP（HAZard And OPerability study）などの解析手法を利用して，対象アイテムの故障モードを洗い出す．次に，故障モードから車両挙動としてのハザードを抽出する．この際，各故障モードでアクチュエータがどのように動作するかを考えるとハザードを抽出しやすくなる．また，ここで対象とする故障モードは，機能故障であり，部品（ハードウェアなど）故障ではない．

　ハザード分析およびリスクアセスメントにおいて，車両レベルの代表的なハザードの例を表3.3に示す．

　表3.3では，「走る」，「曲がる」，「止まる」に関するハザードを記載している．「走る」では，エンジン／駆動系のシステムについて，急加速や急減速などのハザードが抽出される．「曲がる」では，ステアリング系のシステムについて，セルフステア（車両が意図せず曲がる）やステアリングロックなどのハザードが抽出される．「止まる」では，ブレーキ系のシステムについて，制動

表3.3　代表的なハザード例

分類	代表的なハザード例	
走る （エンジン／駆動系）	急加速	車両が意図せず急加速する
	急減速	車両が意図せず急減速する
	加速不良	車両が意図どおりに加速しない
	減速不良	車両が意図どおりに減速しない
曲がる （ステアリング）	セルフステア	車両が意図せず曲がる
	ステアリングロック	車両が意図どおりに曲がれない
	アシスト急停止	車両が意図どおりに曲がれない
止まる （ブレーキ）	制動失陥	車両が意図どおりに減速しない，停止しない
	急減速	車両が意図せず急減速する

失陥や急減速などのハザードが抽出される.

　また，表3.3の範囲外であるが，例えば，ボディ系システムのパワーウィンドウやオートドアクローザシステムでは，「閉じる(はさまる)」などのハザードも抽出される.

　なお，上記以外に全般的な代表ハザード例として，発煙，発火などのファイヤハザードについて議論される場合があるが，ISO 26262の適用範囲として，「火災，発煙，可燃性などのハザードは安全関連のE/Eシステムの機能不全のふるまいが直接的な原因でない限り取扱わない」(ISO 26262)との記載があり，取扱いには注意されたい.

　これらの識別されたハザードを，❹に記載する.

(3)　❺シチュエーション分析，❻ハザーダスイベント，❼危害の検討

　❺シチュエーション分析では，ハザードが識別された後，検討すべきシチュエーションを抽出する.

　図3.16に示すように，アイテムの動作モードは，アイテムのハザードが発生する状態，例えば「起動中」，「停止中」，「電源OFF」などによって分類する．運用状況は，アイテムの環境，例えば周辺環境(一般道)と車両状態(直進走行など)に分けられる.

　このように，シチュエーションはアイテムの動作モードと運用状況に分類し，ツリー形式などに整理して記述すると効率的に作成できる.

　また，シチュエーションの周辺環境などを細分化しすぎると曝露率(E)のクラスが低減し，ASILが実際より低く評価されてしまうことがあるため，シ

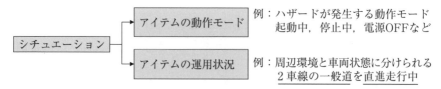

図3.16　シチュエーションの考え方

チュエーションを統合するなどの工夫も必要である．❻ハザーダスイベントは
ハザードとシチュエーションの組合せであり，シチュエーション分析を実施す
ることによりハザーダスイベントが抽出される．また，シチュエーションを記
載する際，❺の条件欄に，自車の車速，車間距離といった数値や，障害物（前
方の停止車両など）の有無を記載しておくと，❾〜⓫の ASIL の評価で利用で
きる．

(4)　❽シナリオの作成

　ハザーダスイベントが抽出された後，シナリオを作成する．シナリオの作成
の一例として原因から結果を予測する手法を示す．

　図 3.17 に示すように，あるシチュエーションで，あるハザードが発生した
ら，どのような❼危害になるかについて，アイテムをステアリング系システム
としてシナリオを作成した例を以下に示す．

　ハザードは，セルフステア（車両が意図せず曲がる）とする．

　シチュエーションについて，アイテムの動作モードは通常動作中，運用状況
の周辺環境は対向車の走行する 2 車線の一般道路，車両状態は直進走行中とする．

　危害は，対向車と衝突し傷害を負うとする．組み合わせるとシナリオは以下
となり，ハザードおよび曝露率（E），制御可能性（C），危害度（S）は下線部分に
該当する．

<u>対向車の走行する 2 車線の一般道路で自車が直進走行中</u>に<u>セルフステアが発生</u>
　　　　　　　　　　　E　　　　　　　　　　　　　　　　　ハザード
し，<u>運転者が車線を維持できず，自車が車線を逸脱し</u>，<u>対向車と衝突し傷害を</u>
　　　　　　　　　　　　C　　　　　　　　　　　　　　　S
<u>負う</u>．

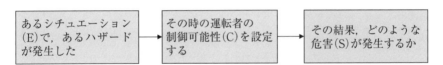

図 3.17　シナリオの作成の考え方

(5)　❾ E(曝露率)の評価

シナリオの作成が終了後,ASIL を決定するために曝露率(E),制御可能性(C),危害度(S)の評価を行う.

まず,シナリオのシチュエーション部分の曝露率(E)の評価について説明する.曝露率(E)のクラスは ISO 26262-3 Table 2 の動作状況に関する曝露率のクラスに示すように,E0 から E4 までがあり,E4 が最も確率が高いクラスとなる.また,各クラスの確率は 10 倍ずつ異なっている.

曝露率(E)のクラスを評価した後,❾には,E クラスとその評価の根拠を記載する.

このとき,曝露率(E)はシチュエーションの曝露率であり,アイテムの故障発生率ではないことに注意が必要である.規格では E0 に割り当てられるものは ASIL 指定不要としている.曝露率(E)の評価はシナリオに応じてシチュエーションの時間または頻度で使い分けられ,次項で説明する.

1)　曝露率(E)の評価―動作状況の継続時間

曝露率(E)の評価における,動作状況の継続時間の曝露率(E)について説明する.表 3.4 に示すように,動作状況の継続時間に関わる曝露率(E)は ISO 26262-3 Annex Table B.2 の動作状況の期間に関する曝露の確率のクラスを参照する.

動作状況の継続時間は,全体の走行時間に対し対象となるシチュエーションの継続時間がどれくらいの割合を占めるかで評価する.シナリオのシチュエーションについて,例えば,「ハイウェイ(高速道路)」,「セカンダリーロード(一般道,幹線道)」における走行などの継続時間は 10% を超えるので E4 とされている.

2)　曝露率(E)の評価－動作状況の頻度

曝露率(E)の評価における,動作状況の頻度の曝露率(E)について説明する.表 3.5 に示すように,動作状況の頻度に関わる曝露率(E)は規格の ISO 26262-3 Annex Table B.3 の動作状況の頻度に関する曝露の確率のクラスを参照する.

表 3.4　動作状況の期間に関する曝露の確率のクラス例

		動作状況での曝露の確率のクラス			
		E1	E2	E3	E4
参考例 (抜粋)	道路のレ イアウト	－	安全でない急勾配 な山岳路通過	一方通行（市街地）	ハイウェイ
			田舎道の交差点		セカンダリーロード
			ハイウェイ-入り口ランプ		カントリーロード
			ハイウェイ-出口ランプ		

出典）　ISO 26262-3，Annex Table B.2，日本規格協会，2012 年より例を抜粋

表 3.5　動作状況の頻度に関する曝露の確率のクラス例

		動作状況での曝露の確率のクラス			
		E1	E2	E3	E4
参考例 (抜粋)	操作	－	本来の経路から逸 脱させる回避操作	追越中	停止からの発進
					加速中
					ブレーキ中
					旋回（操舵）中
					後退運転

出典）　ISO 26262-3，Annex Table B.3，日本規格協会，2012 年より例を抜粋

　動作状況の頻度は，走行中にその動作状況の発生する確率で曝露率（E）を評価する．シナリオのシチュエーションについて，例えば，車両の「加速中，ブレーキ中」などは，ほとんどすべての運転中に発生する状況であり，E4 とされている．

3)　曝露率(E)の評価－表 B.2，B.3 の使い分け

　シナリオのシチュエーションの曝露率（E）の評価における継続時間（Table B.2），発生確率（Table B.3）の使い分けの例について説明する．

①　動作状況の時間 Table B.2 を使用する例

　通常走行中にアイテムにハザードが発生してハザーダスイベントに至る場合は，Table B.2 が参照できる．例えば，ステアリング系システムでは高速道路

を走行中にセルフステアが発生するなどが挙げられる．この場合の曝露率(E)は，ハイウェイ走行中として Table B.2 より E4 となる．

② 　動作状況の頻度 Table B.3 を使用する例

アイテムにハザードが発生していても潜在していて，特定の動作モードの組合せでハザーダスイベントに至る場合は，頻度として Table B.3 が参照できる．例えば，ブレーキランプが故障し，ドライバがブレーキ操作により減速しているときにブレーキランプが点灯しない状況の曝露率(E)は，Table B.3 のブレーキ中であり，E4 となる．

この曝露率(E)の評価結果を❾に記載する．

(6)　❿制御可能性(C)の評価

運転者による制御可能性(C)を Annex Table B.4 に従って評価する．C のクラスは ISO 26262-3 Table 3 の制御可能性のクラスに示すように，C0 から C3 までがあり，C3 が最も運転者による回避制御が難しいクラスとなる．❿には，運転者の回避行動，C クラスとその評価の根拠を記載する．また，規格では C0 に割り当てられるものは ASIL 指定不要としている．

表3.6 に示すように，C評価のC0からC3の例がISO 26262-3 Annex Table B.6 に記載されており，例えばC3では交通関係者の 90% 未満が通常危害を回避で

表3.6　制御可能性のクラス例

運転ファクタおよびシナリオ		制御可能性のクラス			
		C0	C1	C2	C3
例 (抜粋)	運転支援システム使用不可	意図した運転経路維持	−	−	−
	車両発進時のステアリングコラムロック	−	車両を減速・停車するためのブレーキ	−	−
	緊急ブレーキ中のABS故障	−	−	意図した運転経路維持	−
	ブレーキ故障	−	−	−	車両を減速／停車するためのブレーキ

出典）　ISO 26262-3，Annex Table B.4，日本規格協会，2012 年より例を抜粋

きる例として，「ブレーキ故障」などが挙げられている．

　上記で説明した Annex Table B.4 は，制御可能性のいくつかの例を示しているが，表では「すべての E/E システムに関わる制御可能性は記載されていない」，「制御可能性の C1, C2, C3 の各クラスの数値根拠が記載されていない」などの課題がある．そこで，制御可能性について実車などを用いた被験者評価が必要となる場合もある．

　図 3.18 に，「走る」，「曲がる」，「止まる」の中から，「止まる」に関する減速の制御可能性 (C) 評価の例を示す．

　想定するシナリオを，「前方に障害物を発見し制動したが，制動力が不足して意図どおりに停止できず，障害物に衝突する」とし，車両の制動アシスト力が低減した場合の運転者 (被験者) の制御可能性評価の指標となるデータを収集する．評価指標の例として，ブレーキ反応時間 (ブレーキを開始するまでの時間，および異常に気づいて踏み増すまでの時間)，踏力，衝突速度，走行距離 (車両が停止するまでの距離) などが挙げられる．これらのデータから以下の判定クラスが求められる．

- C1：運転者の 99% 以上が通常危害を回避できる
- C2：運転者の 90% 以上が通常危害を回避できる
- C3：運転者の 90% 未満が通常危害を回避できる

　図 3.19 に減速試験での被験者評価の結果として，運転者のブレーキ反応時間および踏力の頻度と累積頻度のイメージを示す．グラフの破線で示す累積頻

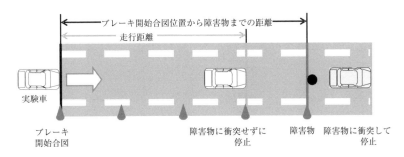

図 3.18　減速の制御可能性 (C) 評価試験例

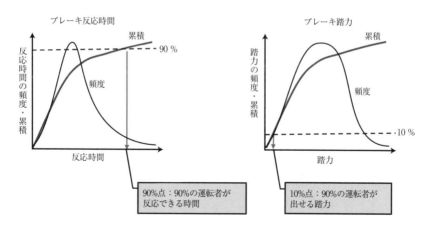

図3.19　運転者のブレーキ反応時間および踏力の評価イメージ

度90%点の反応時間や10%点の踏力がC2/C3クラスの境界になる．各シナリオの評価を行う際にこの反応時間を用いて障害物までの距離や速度などを変えてシミュレーションを実施し，衝突を回避，または衝突速度を十分に低減できれば制御可能性はC3より低いクラスとなる．回避できない，または衝突速度を十分に低減できなければC3となる．

　この被験者評価を行う場合，規格では20人以上の被験者で評価することが記載されている．99%点まで評価するためには100人以上の被験者が必要になり推定値から求めることもある．

(7)　⓫危害度(S)の評価

　ハザードの結果起こりうる危害の危害度(S)は，ISO 26262-3 Table 1の危害度のクラスに示すようにS0からS3までがある．S3が生命を脅かす傷害であり，最も危害の評価が高くなる．⓫には，Sクラスとその評価根拠を記載する．また，規格では，S0に割り当てられるものはASIL指定不要とされている．

　危害度はISO 26262-3 Annex Table B.1に従って評価する．この表は米国のAIS(Abbreviated Injury Scale：略式傷害尺度)の分類に基づいており，例に記載された事故が発生したときの，AISの0〜6までのクラスが10%以上(S0

は 10% 未満）となる確率で S0 ～ S3 クラスを分類している．S3 は死亡，S2 は重傷，S1 は軽傷と簡易的に考えて評価することもある．

この Table B.1 は，過去の事故データなどを分析した結果から求められている．シナリオの危害度（S）を評価する場合，自車の速度〇〇 km/h，相手車両の速度□□ km/h を前提条件として有効衝突速度を検討する．そのため，Table B.1 のように路側や車両への衝突が「低速」，「中速」と記載されていると，具体的な速度の数値がわからず，危害度（S）のクラスと評価根拠の記述が難しい．SAE J 2980 の Table B-1 の危害度（S）テーブル[16]（表 3.7 に抜粋例）は，速度の数値が記載されているため参照できる．なお原文の表は，SAE の会議に参加した日米欧各国が提供した危害度（S）クラスの数値をマージして作成されており，利用する際には有効衝突速度に幅があるので注意が必要である．また，衝突速度と有効衝突速度（Δv）の違いを理解して使用する必要がある．

ここで，有効衝突速度について説明する．有効衝突速度（Δv）とは固定壁への衝突に換算した速度であり，バリア換算速度ともいわれ，車両の質量や剛性などの影響も受ける．同一質量，特性の乗用車を前提とした例では，追突のシナリオ，前方の停止車両に後続車が速度 40km/h で衝突した場合は，$\Delta v =$ 20km/h になる．また，正面衝突のシナリオ，自車が速度 40km/h で対向車線に逸脱して，対向車（40km/h）と正面衝突した場合は，$\Delta v = 40$km/h になる．有効衝突速度の一般式について説明する．2 台の車両 A，B が衝突した場合の有効衝突速度 Δv は以下の式で表される．

$$\Delta v_a = m_b/(m_a + m_b) \times (1 + e) \times (v_a - v_b)$$
$$\Delta v_b = m_a/(m_a + m_b) \times (1 + e) \times (v_b - v_a)$$

表 3.7　SAE J 2980 に記載された危害度（S）テーブル（Δv）の抜粋例

衝突タイプ	レンジ	S0	S1	S2	S3
前面衝突	有効衝突速度	S0 < 4km/h	4 < S1 < 20km/h	20 < S2 ≦ 40 km/h	S3 > 40 km/h

出典）　SAE J 2980 の Table B-1 "Minimum and maximum speed ranges（delta *v*）from various analyses of global accident databases" を翻訳し抜粋して作成

e：反発係数，m_a：車両Aの質量，m_b：車両Bの質量，

v_a：車両Aの速度，v_b：車両Bの速度

$e = 1$の場合は弾性衝突であり，$e \neq 1$の場合は非弾性衝突を表す[1]．車両の衝突は非弾性衝突であり，上記では説明を簡単にするために$e = 0$としている．上記の式から，相手車両の質量によって有効衝突速度が変わるため，シナリオを作成する際に注意が必要である．

(8) ⓬ ASILの評価

ここまでに説明したシナリオについての❾曝露率(E)，❿制御可能性(C)，⓫危害度(S)の評価結果から，ハザーダスイベントごとに ISO 26262-3 Table 4 を参照し，ASIL を決定する．E，C，S が，E4，C3，S3 であれば，各クラスの値を加算して 4 + 3 + 3 = 10 となり，ASIL D となる．合計して 9 は ASIL C，8 は ASIL B，7 は ASIL A となる．

3.2.4　ASIL の評価の例 ● ● ● ● ● ● ● ● ● ● ● ● ● ● ● ● ● ● ●

ここまで，ASIL の評価の流れを解説してきた．本項では，ASIL の評価の導出例について説明する．なお，ASIL の評価には複数の導出手法があり，その一例を紹介することとする．

例えば，ブレーキに関して「制動機能低下により意図どおりに停止しない」，すなわち，図 3.20 に示す制動失陥のハザードを考えると，

<u>自車が走行中に前方の赤信号で停車している車両を発見し，制動するが，</u>
　　　　　　　　　　　　　　　　　E

<u>意図どおり停止できず，</u>　<u>運転者が踏み増ししたが，</u>　<u>前方車両へ衝突し，運転者</u>
　　ハザード　　　　　　　　　　C　　　　　　　　　　　S

が傷害を負う．

---

1)　一般的に，弾性衝突は $e = 1$ の場合で，衝突の前後で 2 つの物体の力学的エネルギーが保存されている．非弾性衝突は $1 > e \geqq 0$ の場合で，車両の衝突の場合，車体の変形や熱などによってエネルギーを失い，力学的エネルギーが保存されない．

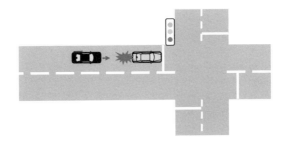

図 3.20　意図どおりに停止しない

というシナリオを考える．このシナリオで，運転者が制動機能の低下に気づいて，ブレーキペダルを踏み増すことで前方車両への衝突速度を低減して衝突した場合の ASIL の評価例を検討する．

(1)　曝露率(E)の評価

「走行中に前方の赤信号で停車している車両を発見し，制動する」場合，前述の ISO 26262-3 Annex Table B.3 より，「減速中」にあたり，曝露率(E)は E4 となる．

(2)　危害度(S)の評価

運転者は通常の踏力で制動を行ったまま(踏み増ししないで)，前方車両にある速度で衝突した場合の速度で危害度(S)を評価する．仮に有効衝突速度$\Delta v = 30$km/h とした場合，前述の表 3.7 の危害度(S)テーブルより，危害度(S)は S2 となる．

(3)　制御可能性(C)の評価

ブレーキペダルを踏み増すことで衝突速度を下げられることは回避行動であり，制御可能性(C)クラスの低減として考える．回避行動を行った場合，90% 以上の運転者が S2 を回避し，S1 の有効衝突速度($\Delta v < 20$km/h)に低減することができるのであれば，制御可能性(C)は C2 となる．なお，本例の制御可

能性(C)の評価では，前述の運転者反応時間を用いたシミュレーションにより検討することも可能である．

(4)　ASILの評価

(1)〜(3)より，表3.8に示すようにASILの評価結果は，E4，C2，S2と評価され，ASIL Bとなる．

なお，このASILの評価は一例であり，制動失陥について最大ASILを表すものではない．後述のSAE J 2980の事例では，制動力不足の大きさに依存しQMからASIL Dと評価されている．実際には，車両メーカ各社がASILの評価を行い決定する．

3.2.5　SAE J 2980 の ASIL の評価事例 ● ● ● ● ● ● ● ●

SAE J 2980に記載された，日米欧各国の関係者がハザーダスイベント，シナリオに沿って検討を行いハーモナイズされたASILの評価事例を紹介する．なお，事例は筆者が理解しやすいように編集したものであり，正確には原文を参照してほしい．

(1)　電動パワーステアリング

ハザード：意図しないステアリングアシスト(セルフステア)

図3.21に示すシナリオ，

幹線道路走行中に，ステアリングシステムが運転者の要求がないときに（E）（ハザード）意図しないトルクを発生し，運転者が状況を制御しうる前に車両が車線逸脱（C）する．車両が車線逸脱し，対向する交通(車両)に衝突し，運転者が傷害（S）を負う．

についてのASILの評価事例である．

SAE J 2980におけるこのシナリオのASILの評価事例を表3.9に示す．表

表 3.8　制動失陥の ASIL の評価結果例

アイテム	アサンプション	HE No.	ハザード	シナリオ			ASIL 評価						
				シチュエーション	シチュエーション（条件）	ハザーダスイベント	危害	曝露率(E)	根拠	制御可能性(C)	根拠	危害度(S)	根拠	ASIL
ブレーキ制御システム	乗用車（FF）	HE-B1	制動失陥	一般道走行中に前方交差点の赤信号で停車している車両を発見し、制動する。	・一般交差点 ・前方の停止車両 ・制動	一般道を走行中に前方車両の赤信号で停止している車両を発見し、制動するが意図通り停止できず。	前方車両へ衝突し、運転者が傷害を負う。	E4	・一般交差点：E4 ・前方の停止車両：E4 ・制動：E4	C2	ペダルをより強く踏んで回避行動を行った場合、90%以上の運転者がS2を回避 Δv＜20km/hのS1の有効衝突速度になるため、C2となる。	S2	運転者は通常の路力で回避行動を行ったまま（回避行動をとらないで）前方車両に衝突した場合の速度でSを評価するとΔv＝30km/hの場合、S2となる。	B

表 3.9　意図しないステアリングアシストの ASIL の評価事例

アイテム	アサンプション	HE No.	ハザード	シナリオ			ASIL 評価						
				シチュエーション	シチュエーション（条件）	ハザーダスイベント	危害	曝露率(E)	根拠	制御可能性(C)	根拠	危害度(S)	根拠	ASIL
電動パワーステアリング	乗用車	ステアリングハザード#1	意図しないステアリングアシスト（セルフステア）	幹線道路走行中	・幹線道路走行 ・行速度 ・対向車線に車両あり	幹線道路走行中にステアリングシステムが運転者の意図しないトルクを発生し、運転者が傷害を負う状況に車線逸脱する。	車両が幹線道路を逸脱し対向する交通（車両）に衝突し、運転者が傷害を負う。	E4	幹線道路は毎日走行：E4	C3	ほとんどの運転者は状況を制御できない。	S3	幹線道路の速度での対向車両との衝突	D

出典）　SAE J 2980 TableC-3 Example HARA analysis for electric power steering assist function の Steering Hazard #1 を HARA フォーマットに編集

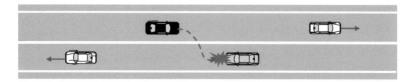

図3.21　意図しないステアリングアシストの例

より，このシナリオは E4，C3，S3 と評価され，ASIL D となる．

(2)　エンジン・パワートレイン

ハザード：意図しない加速

図 3.22 に示すシナリオ，

市街路を前方車両に追従して走行中に，自車のエンジンシステムが運転者
　　　　　　　　　　E

の要求を上回る駆動トルクを発生して意図しない加速をし，運転者がブレーキ
　　　　　　　　　　　　　ハザード　　　　　　　　　　　　　C

ペダルを踏んだが，前方車両の後面に自車前面が衝突し，運転者が傷害を負
　　　　　　　　　　　　　S

う．

についての ASIL の評価事例である．

　SAE J 2980 におけるこのシナリオの ASIL の評価事例を表 3.10 に示す．表
よりこのシナリオは E4，C2，S2 と評価され，ASIL B となる．

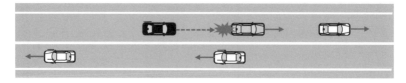

図3.22　意図しない加速の例

(3)　ブレーキ

ハザード：意図しない車両の減速不足（制動失陥）

　SAE J 2980 におけるこのシナリオの ASIL 評価事例を表 **3.11** に示

表 3.10 意図しない加速の ASIL の評価事例

アイテム	アサンプション	HE No.	ハザード	シナリオ		ASIL 評価						
				シチュエーション（条件）	ハザーダスイベント（危害）	曝露（E）	根拠	制御可能性（C）	根拠	危害度（S）	根拠	ASIL
エンジン	乗用車	F3-1a(1)	意図しない加速（急加速）	・市街路走行速度 ・前方に走行車両あり	市街路を前方車両に追従して走行中に自車のエンジンにシステムの駆動要求を上回る駆動トルクが発生し、意図しない加速をし、運転者がレーキベダルを踏んだが前方車両の後面に自車が衝突する。	E4	自車の前方に他車が走行する状況（追従走行）での運転は一般的な状況であり、運転時間の10%を超える。：E4	C2	運転者はこの状況をレーンキを踏むことで制御可能。ほとんどの状況において運転者の反応時間は衝突危害を防ぐために十分である。	S2	前方車両の後面への中速での前面衝突	B

市街路で前方車両の後方を自車は追従走行中

前方車両の後面に追突し、運転者が傷害を負う

出典）SAE J2980 Table D-3 Example HARA analysis for propulsion and driveline functions の F3-1a(1) を HARA フォーマットに編集

表 3.11 意図しない車両の減速不足の ASIL 評価事例

アイテム	アサンプション	HE No.	ハザード	シナリオ		ASIL 評価						
				シチュエーション（条件）	ハザーダスイベント（危害）	曝露（E）	根拠	制御可能性（C）	根拠	危害度（S）	根拠	ASIL
ブレーキ	乗用車	ブレーキハザード2	意図しない車両の減速不足（制動の失陥）	なし	ブレーキシステムがドライバの要求を下回るブレーキを作動をする。不十分なレーキによる交通参加者への衝突				ブレーキ不足の大きさに依存			QM-D

出典）SAE J 2980 の Table F-5 Example HARA analysis for brake function の Braking Hazard 2 を HARA フォーマットに編集

す．このハザードのシナリオについてはブレーキ不足の大きさに依存するとして，ASIL は QM から ASIL D と記載されている．

3.2.6　ASIL に関する補足

　車の機能安全開発を行う場合，ASIL は安全方策の手厚さの指標として重要であり，ASIL に合わせた ISO 26262 規格のプロダクト，プロセス要件を満たす必要がある．規格の発行において車両メーカ間での ASIL の違いによる自動車業界の混乱を回避するため，「走る」，「曲がる」，「止まる」に関する E/E システムのハザーダスイベントの ASIL については，前述のように米国 SAE において日米欧の車両メーカなどによって議論され，ハーモナイズされた結果として SAE J 2980 が発行された．また，日本でも車両メーカ，サプライヤの間で規格の共通解釈としての活動（JARI 共同研究）が行われ，その研究成果が 2013 年以降に共同研究 WG 成果報告会や機能安全カンファレンスで公開された．

　なお，日本とそれ以外の国との間で ASIL ハーモナイズの議論を行うと，レベルが合わないことがある．その理由は以下のように E，C，S の評価のいずれかが異なっていることにある．

　曝露率（E）の評価では，国によって交通状況が異なる場合がある．例えば，米国では車両の周囲に歩行者の存在するシチュエーションが多いらしい．その対応として，日本の一般道で車両の周囲に存在する歩行者の数を調べて根拠[16]を作成して議論した．また，交通状況に関する E 評価[17]は，日本では道路での定点観測などによる解析結果を用いている．トラフィックカメラの映像や航空写真などの画像が web 上で公開されている国については，これらを解析して比較対象としている．

　制御可能性（C）の評価では，制動[18]や操舵に関する日本人の被験者評価を行っている．日本の運転者と欧米の運転者を比較すると，体格差が大きく，操舵力や踏力に差がある．その結果，同じハザーダスイベントのシナリオでも，欧米の運転者は制御可能となって C クラスが下がることもある．

　危害度(S)評価では，SAE J 2980 の危害度(S)テーブルを見ると，有効衝突速度⊿v の数値に幅があるため，同じハザーダスイベントのシナリオでも各国でSクラスは異なる可能性がある．本来，ISO 26262 規格の危害度(S)テーブルに有効衝突速度⊿v の参照となる数値が記載されるべきだが，「車体や安全装置などの向上により数値は将来変わる可能性があり，適切ではない」という理由で，DIS 版まで記載されていた数値が「低速」などの記述に変更された，という経緯がある．

3.2.7　安全目標と安全状態 ●

　ここまでで，ハザーダスイベントについての ASIL が決定された．本項では❸安全目標と安全状態の決定について説明する．

(1)　安全目標

　安全目標は，ハザード分析およびリスクアセスメントを実施し，ASIL が判定されたハザーダスイベントに対して決定される．安全目標は，最上位の安全要求であり，ハザーダスイベントに対して決定された ASIL が継承される．また，安全目標は，対象となるハザーダスイベントによる不合理なリスクを避けるために必要な機能安全要求を導く．

　安全目標の決定では，対象となるハザーダスイベントに応じて，

- ハザーダスイベントの発生を防止する．
- ハザーダスイベントの影響を軽減するかを識別し，影響軽減の場合はその許容レベルを設定する．

　なお，安全目標は，技術的解決策の観点ではなく，機能上の目的の観点で表現される．決定された安全目標が1つ以上の安全状態に遷移，または維持を達成できるとき，対応する安全状態を明示する．

(2)　安全状態

　安全状態は，不合理なレベルのリスクが存在しないアイテムの状態と定義さ

れ，以下の 3 つに分類できる．

- 機能の継続
- 機能の縮退
- 機能の停止

3.2.8 機能安全要求と機能安全コンセプトの導出 ● ● ● ● ● ● ● ● ● ●

機能安全コンセプト（FSC：Functional Safety Concept）の目的は，アイテムの機能や縮退した機能の振舞い，関連するフォールトの検知と制御に関する制約などを規程し，システムアーキテクチャ設計に機能安全要求（FSR：Functional Safety Requirement）を配置することである．

FSR の導出には 2 つの手法がある．1 つは，**3.2.7 項**で定義した安全目標と安全状態を達成するためには何が必要かを分析して，FSR を導出する手法である．もう 1 つは，安全目標の侵害につながる機能故障モードを安全分析を行うことによって特定し，安全目標を侵害しない安全方策を検討し，FSR を導出する手法である．

どちらの手法も導出された FSR に ASIL を付与し，アイテム定義で検討した初期アーキテクチャに FSR を配置することによって FSC となる．

例えば，電動パワーステアリング制御システムでは，安全目標を「操舵失陥（操舵トルク喪失）を防止する」，「セルフステアを防止する」，安全状態を「操舵系機能の継続」とした場合，安全方策として，機能を継続するためシステムを主系と冗長系で構成し，「操舵駆動機能（主系）の故障を検出する機能を設けること」，「冗長系操舵駆動機能を設け，制御を継続すること」という機能安全要求を主系と冗長系に配置する考え方が，電動パワーステアリングにおける機能安全コンセプトの一例である．

3.2.9 安全分析について ●

安全分析の目的は，開発プロセスや製造プロセスに関連するシステマチックフォールトまたはハードウェア部品の故障に関連するランダムハードウェア

フォールトによって，安全目標を侵害するリスクが十分低いことを保証することである．ISO 26262 による開発における安全分析は，設計時の支援目的で定性的解析を行い，設計後の検証目的で定量的分析を行うケースが多い．安全分析の手法としては，故障の木解析（FTA：Fault Tree Analysis），故障モード・影響解析（FMEA：Failure Modes and Effects Analysis）などが用いられる．ISO 26262 の開発では FMEA に安全方策による故障診断の解析を加えた故障モード・影響と診断解析（FMEDA：Failure Mode Effect and Diagnosis Analysis）という安全分析手法も用いられる．例えば，電動パワーステアリング制御システムの場合，「操舵失陥（操舵トルク喪失）」をトップ事象として FTA を行った結果，「操舵駆動機能の故障」を特定する．次に「操舵駆動機能（主系）の故障を検出する機能」という安全方策で「操舵駆動機能の故障」がどの程度検出・診断できるのかについて，FMEDA によって解析し，残存リスクを特定する．

第 3 章の引用・参考文献

[1]　IEC 61508：2010"Functional safety of electrical/electronic/programmable electronic safety-related systems, 2nd Edition".

[2]　ISO 26262：2018 "Road vehicles − Functional safety, 2nd Edition".

[3]　徳田昭雄編著：『自動車のエレクトロニクス化と標準化』，晃洋書房，2008 年.

[4]　Takahashi,S., Nakamura,H., and Hasegawa,M："Examination of the Validity of Connections between MSILs and ASILs in the Functional Safety Standard for Motor Vehicles", *SAE International Journal of Engines*, Vol.9, No.1, pp.466-472, 2016.

[5]　SAE International J 2980：2015"Considerations for ISO 26262 ASIL Hazard Classification".

[6]　笹山貴志，塩野目恒二，寺西憲：「特集 1：未来を拓く ProPILOT 2.0」，『日産技報』，No.87，2020 年.

[7]　ISO/DIS 21448：2021"Road vehicles − Safety of the intended functionality".

[8]　National Highway Traffic Safety Administration："A Framework for Automated Driving System Testable Cases and Scenarios", 2018.

[9]　ISO 20077：2017"Road vehicles − Extended Vehicle(ExVe)Methodology".

［10］　ISO 23132：2020"Road vehicles – Extended Vehicle (ExVe) time critical applications – General requirements, definitions and classification methodology of time constrained situations related to Road and ExVe Safety (RExVeS)".

［11］　ISO/SAE 21434：2021"Road vehicles – Cybersecurity Engineering".

［12］　SAE J 3061：2016"Cybersecurity Guidebook for Cyber-Physical Vehicle Systems".

［13］　ISO/TR 4804：2020"Safety and cybersecurity for automated driving systems – Design, verification and validation".

［14］　ISO/PAS 8800：2021"Road Vehicles - Safety and artificial intelligence"

［15］　ISO 26262：2011 "Road vehicles Functional safety".

［16］　大谷正俊，後呂考亮，山本吉則：「Exposure 見積もりの基礎研究」，『JARI Research Journal』，20150707，日本自動車研究所，2015 年.

［17］　金子貴信，長谷川信：「トラックとバスの ISO 26262 におけるエクスポージャ調査」，『JARI Research Journal』，20190601，2019 年.

［18］　川越麻生，金子貴信，行木亨：「運転者対処行動に基づくコントローラビリティの判定」，『自動車技術会学術講演会予稿集(春)』，20135347，2013 年.

第4章

鉄道の機能安全

　列車運転の安全を保証する鉄道信号システムにおいては，列車を停止させることが多くの場合に安全であることから，装置の故障を含め異常が生じたときには列車を停止させることを原則として，フェールセーフ設計による安全性技術を確立してきた．

　高度な機能を有する鉄道信号システムの実現のためにマイクロコンピュータ適用の研究開発が行われたが，特定の故障モードを有しないマイクロコンピュータ，各種電子デバイスで構成されるシステムにおいてフェールセーフ性をどのように実現し SIL 4 相当の安全性を確保するかが最大の課題であった．

　本章では，鉄道の機能安全として，4.1 節でこのような鉄道信号システムの安全性技術の特徴と IEC 61508 における機能安全との違いを中心に述べ，4.2 節で機能安全によって実現された高機能な鉄道信号システムの事例を紹介する．

4.1

鉄道の機能安全

　鉄道における安全性技術も，過去の事故などの経験の蓄積のうえに発展してきた．列車の運転においては列車を停止させることが多くの場合に安全であることから，列車運転の安全を保証する鉄道信号システムにおいては装置自体に故障が生じた場合を含め，異常が生じたときには列車を停止させることを原則として，フェールセーフ設計による安全性技術を確立してきた．各国とも鉄道信号システムには高い安全レベルが求められており，その実使用にあたっては，それぞれ安全管理当局（日本では国土交通省）による許可が必要とされる．

　このような鉄道信号システムのフェールセーフ設計技術として，接点が溶着しないよう工夫した特別仕様の信号リレーを用いて接点が開放したときには安全側出力となるように論理構成したリレー回路や，構成素子が故障したときには出力が停止するように設計した電子回路が中心的な役割を果たしてきた．フェールセーフ設計については，日本では1970年代中に故障モード非対称論理素子を用いたフェールセーフコンピュータの開発が行われた．しかし，故障モードが限定された新たな論理素子の導入は，実現できる機能が限定され，また経済性の理由から実用化には至らなかった．

　その後，日本とヨーロッパでは汎用マイクロコンピュータを適用した鉄道信号システムの研究開発が精力的に進められた．駅構内での列車運転の安全を保証する連動装置を1978年にスウェーデンでミニコンピュータのソフトウェア冗長による方式で実用化し，1985年には日本，イギリス，当時の西ドイツにおいてマイクロコンピュータの多重系構成によって実用化した．この鉄道信号におけるコンピュータ制御システムの開発では，故障時にリレーのように特定の壊れ方をしないマイクロコンピュータおよび各種電子デバイスからなる装置においてフェールセーフ性をどのようにして実現するかが最大の課題であった．

　鉄道信号のコンピュータ制御システムでは，冗長構成，診断に加えて異常検

出時には出力を停止する安全設計を行う．鉄道信号システムの機能安全によっ
て，現在では無線による列車制御システムなどより高機能で安全な鉄道信号シ
ステムが実用化されている．

　本章では鉄道の安全機能として，4.1 節でこのような鉄道信号の機能安全に
ついて，鉄道信号の安全技術の特徴と IEC 61508 における機能安全との違い
を中心に，鉄道における安全マネジメントの動向を含めて述べる．さらに，4.2
節で機能安全によって実現された高機能な鉄道信号システムの事例を紹介す
る．

4.1.1　鉄道信号システムとその安全技術[1]

(1)　鉄道信号システムの歴史とフェールセーフ技術

鉄道の特質として，

- レールを走行する列車自体にはステアリングの機能がない．
- 列車が停止するのに要するブレーキ距離が長い（新幹線では数 km，在来
  線では数百 m）．

ことが挙げられる．そのため，列車の経路の制御は，軌道上の分岐器を転換し
て行う．また，一定の閉そく区間（1 列車のみの進入を許可する区間）を設ける
方式によって運転を行う．

　鉄道信号システムは，このような特質をもつ鉄道における列車運転の安全を
保証するもので，人間の操作の誤りや装置・システムに故障があっても，後述
するフェールセーフ設計によって列車を停止させて安全を確保する．

　鉄道信号システムには，駅の分岐器や信号機を制御する連動装置，先行列車
が存在する閉そく区間の手前に自動的に後続列車を停止させる ATC（自動列車
制御装置）や，運転士のブレーキ操作をバックアップする ATS（自動列車停止
装置），踏切制御装置などがある．

　鉄道信号のフェールセーフ技術は，過去の事故などの経験をもとに構築され
た．それは機械構造や電気・電子回路設計を中心に多岐にわたるが，次の 3 つ
の原則に分類される（pp.128 ～ 131 のコラム参照）．

コラム

鉄道信号のフェールセーフ技術の原則 その1

原則：エネルギーの常時供給と故障時の出力遮断

　常時エネルギーを供給して装置やシステムを動作させ，故障時にはエネルギー源を確実に遮断して安定状態へ移行させる．すなわち，エネルギー供給状態を危険側（動作側）に，遮断状態を安全側（停止側）に割り当てる．

　例えば，列車検知センサである軌道回路では，一定の間隔ごとにレールを切断して**図4.1**のように送信端に電源，受信端に軌道リレーを配置する電気回路を構成する．列車が軌道回路の区間に存在しなければ，送信端の電源によってレールを経由して電流が流れ受信端の軌道リレーが動作するが，軌道回路の区間に列車が進入すれば，送信端の電源が列車の車輪と車軸によって途中で短絡され，軌道リレーは動作しなくなる．軌道リレーが動作しているときに後続の列車にその軌道回路の区間への進入を許可する制御を行えばよい．電源が故障しても，接続のケーブルが断線しても，レールが折損しても軌道リレーは動作しなくなるので，このようなエネルギーの常時供給と故障時の出力遮断によって安全は確保できる．

　この他にも重力や常時発振回路などを利用して，エネルギーの供給

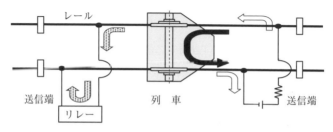

図4.1　軌道回路の原理

と遮断の仕組みでフェールセーフを実現している例は多い．交番信号による電荷充電，あるいはトランスを経由した整流で直流出力を得る手法も同様な常時エネルギー供給による方法である．

コラム

鉄道信号のフェールセーフ技術の原則 その2

故障モードの非対称性の利用

　素子の故障モードに非対称性を付与する設計，例えば，短絡故障と遮断故障の発生確率が大きく異なる設計を行い，故障率が大きな故障が素子に発生しても危険にならないように装置を構成し，安全を確保する．すなわち，故障モードの非対称性を利用して安全な装置を構成する．

　信号用電磁リレーは，大きなバネ力あるいは重力によって故障時にメーク接点（a 接点）が構成される故障の発生確率が極めて小さな値になるように設計されているとともに，接点は材質を含めサージなどから保護する対策がとられている．このようなリレーを用いて，**図 4.2** に示すように制御条件をメーク接点で与えてそれらを直列接続して信号システムからの出力とすればよい．すなわち，このような故障モードの非対称性を有する素子を利用することによって安全は確保できる．

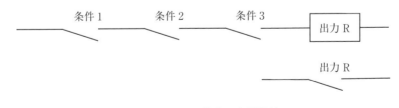

図 4.2　メーク接点の直列接続

コラム

鉄道信号のフェールセーフ技術の原則 その3

危険要因の使用禁止

過去の鉄道信号システムの事故の原因をデータベースとして蓄積し，同様の事故が発生することを防止する．すなわち，危険要因の使用を禁止することによって安全を確保する．

信号システムにおいて，条件を与えるスイッチによってケーブルを介して電磁リレーなどを加圧し，その電磁リレーの接点によって制御を行う場合には，電源を**図4.3**に示すように電磁リレー側の位置に挿入することを禁止する．工事などにおいてケーブルが線間短絡されると，条件を与えるスイッチの状態にかかわらず電磁リレーが動作して制御が行われ，危険な状態になるためである．

また，増幅回路において，負帰還回路が断線故障すると総合利得が上がって出力電圧が必要以上に高くなる（危険側状態）ため，鉄道信号ではループ形帰還回路の使用を禁止している．

さらに，従来のATCの変復調方式として広く適用されている電源同期SSB方式もこの範疇に入る．電源同期SSB方式では，き電あるいは車両からの高調波ノイズを避けるために搬送波に電源の高調波

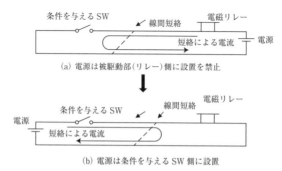

(a) 電源は被駆動部（リレー）側に設置を禁止

(b) 電源は条件を与えるSW側に設置

図4.3 危険要因禁止の例（電磁リレー回路）

を用いる．このようにすることで，変電所の電源周波数が変動しても
送信する信号の周波数は常に高調波ノイズから一定周波数（変調周波
数）離すことができ，また，復調も電源の高調波を用いるため，ノイ
ズに対する耐性が強い．

- エネルギーの常時供給と故障時の出力遮断
- 故障モードの非対称性の利用
- 危険要因の使用禁止

このようなフェールセーフ技術が，鉄道信号システムの各部に多様な形態で
適用されている．しかしながら，鉄道信号システムの安全性はフェールセーフ
設計技術だけで実現されているのではなく，人間がミスをすることを前提と
してそのミスによって誤動作しないようにするフールプルーフ，故障が発生し
てもあるレベルまで機能を落として運転継続が可能な仕組みを組み込んでおく
フェールソフトや，構成機器を定格以下で余裕をもたせて使用することによっ
て異常動作の危険性を低減するディレーティングなど他の手法も組み合わせる
ことによって達成されている．

(2)　フェールセーフと信頼性

安全性と信頼性は深い関係があるが，異なった概念である．信頼性を向上さ
せることで，危険側故障の発生確率を小さくできるほか，設備故障時の人間の
取り扱いミスなどによる事故の発生確率を小さくできる．このような意味で，
信頼性の向上は安全性の向上の必要条件である．しかし，どんなに高信頼化し
ても故障は避けられないため，フェールセーフ設計では，故障が発生したとき
には出力を抑止する構造とする．

図 4.4 は軌道回路受信回路のモデルを示したものである．回路 a では，軌道
回路内に列車が存在しなければ，トランジスタ Q のベースに正電圧が印加さ
れ，トランジスタ Q のコレクタとエミッタ間が導通となり，軌道リレー TR

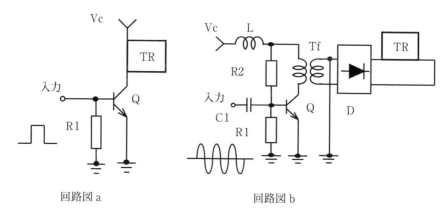

回路図 a   回路図 b

図 4.4　軌道回路受信回路のモデル

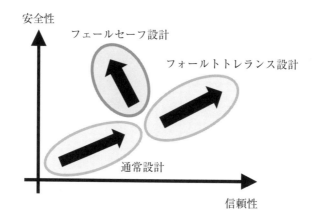

図 4.5　信頼性と安全性の関係[2]

が動作する．軌道回路受信回路の機能としてはこれで十分であるが，トランジ
スタ Q が導通故障したときには，軌道回路内に列車が存在してトランジスタ
Q のベースに正電圧が印加されていないにも関わらず軌道リレー TR が動作す
る．回路図 b は，このようなトランジスタ Q の故障を考慮したもので，軌道
回路内に列車が存在しなければトランジスタ Q のベースには交番信号を与え，
トランジスタ Q と軌道リレー TR はトランスを介して結合している．トラン

ジスタ Q が正常でベースに印加される交番信号によって導通，遮断の動作を繰り返さなければ，トランスは軌道リレー側にはエネルギーを伝達しないため，フェールセーフ性が実現できる．

このように，フェールセーフ設計の回路図 b では，構成部品が増加して回路図 a よりも安全性は向上するが信頼性は低下する．フェールセーフ設計による安全性と信頼性の関係は，**図 4.5** に示される．上述したように，鉄道信号システムでは，信頼性を多少犠牲にしても，故障が生じたときには列車を停止させて安全を確保するフェールセーフ設計技術を発展させてきた．

なお，システムとして高いアベイラビリティが必要な場合には，フェールセーフのシステムを多重系構成にすることで対応する．

(3)　鉄道信号への計算機技術導入の研究

日本では，1960 年代中に磁気コアによる発振素子であるパラメトロンを用いたフェールセーフ理論の検討が行われた．70 年代初めには，**図 4.6** に示すように，その成果を反映したパラメトロンを論理素子として用いた連動装置が開発された[3]．

しかし，パラメトロンを適用した連動装置では安全性能は確認されたが，こ

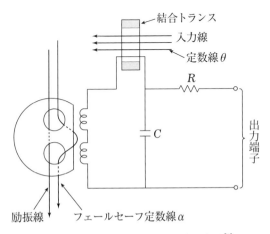

図 4.6　パラメトロンによる論理素子[3]

のような特殊なフェールセーフハードウェア構造のコンピュータはコスト上有利ではなく，実使用として展開されるには至らなかった．その後，汎用マイクロコンピュータの冗長構成と故障検出による電子連動装置が開発された．

4.1.2　鉄道信号における機能安全の実現[1] ● ● ● ● ● ● ● ● ● ● ● ●

（1）　鉄道信号へのマイクロコンピュータの導入

前述したように，鉄道信号においては，フェールセーフ性を電子回路で，しかもCPUを適用してどのように実現するかが最大の関心であった．駅構内での列車運転の安全を保証するコンピュータ制御の連動装置を1978年にスウェーデンでミニコンピュータのソフトウェア冗長構成で実現し，1985年には日本，イギリス，当時の西ドイツにおいてマイクロコンピュータの多重系構成によって実現した．

なお，後述するように，鉄道信号においてリスクの概念に基づく定量的安全性評価の考えが導入されたのは1990年代に入ってからである．

1）　コンピュータ制御の安全技術

コンピュータ制御の鉄道信号システムの安全技術では，CPUとその周辺電子回路に故障が生じても，4.1.1項(2)およびコラムで述べたフェールセーフ設計技術と同様のことを，

① 冗長構成
② 診断機能
③ 故障検出時の出力の安全側固定

の3つの原則によって実現し，安全を確保する．現在、国内外のコンピュータ制御化された鉄道信号システムの構成は多岐にわたるが，フェールセーフ設計のためのこの3つの原則は共通である．

冗長構成は，CPUと関連電子回路に故障が生じたときにそれを検出し，対応するために必要とされる．冗長構成は，CPUと関連電子回路のハードウェアの多重化，または異なる複数のソフトウェア構成で実現する．ハードウェア冗長では，特定時間内に冗長ハードウェアで同一の故障が発生しなければ，故

障の検出と出力安全側固定が可能である．ただし，ソフトウェアにはバグがないことを前提とする．フェールセーフな診断回路を付加してCPUの故障診断の方式もあるが，これについてもハードウェア冗長と見なすことができる．

また，ソフトウェア冗長では，異なるソフトウェアに同一のバグがなく，CPUの異常に対しても異なる演算結果が得られれば，照合回路によってソフトウェアのバグとCPUの故障の検出，出力の安全側固定が可能である．

診断機能には，前述したハードウェア冗長のCPU相互間での故障検出やソフトウェア冗長による故障検出があるが，冗長構成には関係なくソフトウェアによる各種診断が重要である．特に，コンピュータ制御の鉄道信号システムでは，ソフトウェアによってハードウェアだけでなく処理上の論理的異常についても高度な診断が可能となったことに大きな意義がある．

故障検出時の出力の安全側固定は，フェールセーフ設計の出力回路によって出力回路自体が故障しても故障診断結果を確実に出力に反映するものであり，交番出力によりリレーを駆動する方式などが一般的である．

2)　ハードウェア

ハードウェアの冗長構成の一例として，バス同期式を**図 4.7**に示す．バス同期式では共通クロックで2つのCPU（同一ソフトウェア）を動作させ，バス上

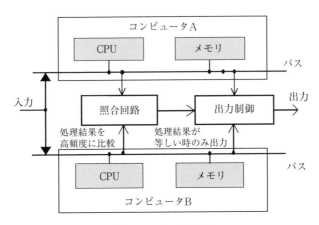

図 4.7　バス同期式

のデータをマシンサイクルごとにフェールセーフ照合回路によって比較する（**pp.138 ～ 139** のコラム「2 線符号によるフェールセーフ比較回路」を参照）．照合回路からは照合結果を交番信号として出力し，システム出力を制御する正常リレーなどを駆動する．CPU に故障が生じれば，2 つの CPU のバス上のデータが異なり交番信号の出力は停止する．なお，システムとして高いアベイラビリティが要求される場合には，2 out of 2 CPU 構成を 2 組用いて 1 組を待機系とする構成がとられる．

　また，**図 4.8** はプログラム同期式によるもので，複数の CPU をデータリンクで結合し，それぞれの CPU を相互診断する．この相互診断と自己診断の結果を診断回路を経て出力に反映させる．この照合回路には，周波数信号弁別回路を用いたり，CPU の診断結果を小型リレーに出力し CPU の構成を決定する方式のものがある．イギリスで最初に開発されたシステムでは，CPU を三重あるいは二重で構成し，自己診断・相互診断の結果によって CPU が電源供給ヒューズを溶断している．

　フランスやアメリカでは，**図 4.9** のように単体の CPU とフェールセーフな診断回路からなる構成の方式が開発された．この方式では，CPU から符号演算の結果を出力し，その出力を診断回路で診断し，異常が検出されればシステムを停止させるが，CPU から出力する符号演算処理の負荷が相対的に大きい．

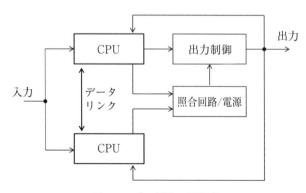

図 4.8　プログラム同期式

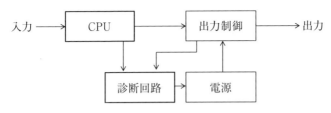

図 4.9 単一 CPU 外部診断式

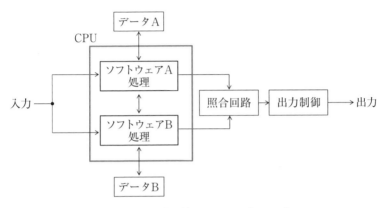

図 4.10 2 バージョンソフトウェア式

　また，スウェーデンには，**図 4.10** のように 1 つの CPU に対して 2 つの独立なソフトウェアによって冗長化する方式がある．CPU の演算結果が 2 つのソフトウェア間で異なれば，外部のフェールセーフ設計のハードウェアによって検出し，出力を安全側に固定する．このソフトウェア冗長は，ソフトウェアのバグに対しては有効と考えられるが，鉄道信号システムの開発コストにおいて大きな比重を占めるソフトウェア開発コストが増加する．なお，最新のものでは，CPU，OS，ソフトウェアについてそれぞれ異なる 2 つのものを用いる異種冗長構成をとっている．

3) ソフトウェア

安全システムのソフトウェアには，2 つの視点が必要とされる．

第一の視点は，ソフトウェアにバグが入り込まないようにするソフトウェア

コラム

2線符号によるフェールセーフ比較回路

　図 4.7 に示したバス同期式の照合回路では，**図 4.11a** のような 2 線論理式照合回路を適用している[4]．この回路は，1-out-of-2 符合を利用したもので，入力対の A0 と B0，A1 と B1 がそれぞれ異なるとき，すなわち(0, 1)または(1, 0)のときにのみ出力対の C0 と C1 が(0, 1)または(1, 0)となる．図 4.7 のバス同期式のフェールセーフ構成では，コンピュータ A とコンピュータ B のうちの一方のバスのデータを反転させ，これら A と B のバスのデータを照合回路にビット対として入力する．さらに，図 4.11b のように階層化すれば，n ビット対の符号を X0 と X1 の一対の 1-out-of-2 符号に集約することができる．

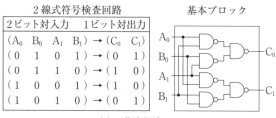

(a)　基本概念

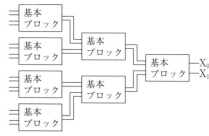

(b)　n ビット対への拡張方式

図 4.11　2 線符号によるフェールセーフ比較回路[4]

　このような照合回路では，コンピュータＡとＢの処理が異なった
ときには出力 X0 と X1 が同一の値となり，コンピュータの故障を
検出できる．しかし，その後，コンピュータＡとＢのバスのデータ
が一致すれば，X0 と X1 が再び相互に異なった値となる．そのため，
X0 と X1 が相互に異なる値が継続する場合には 1 と 0 の値を繰り返
す交番信号を出力し，X0 と X1 が同一の値になったときには交番信
号の出力を停止させる回路が付加されている．さらに，ノイズなどの
間欠的な障害に対しても高信頼化のための対策がとられている[4]．

　以上のような 2 線論理式照合回路の理論的根拠は，強フォールト
セキュアコードディスジョイントで与えられる[5]．

の高信頼化であり，そのためにはソフトウェアの高信頼化手法の適用が重要で
ある．ソフトウェアの高信頼化については，鉄道信号システムにおいても，プ
ロセスの管理を含め，仕様の明確化，構造のシンプル化，試験の充実など一般
のシステムと同様な事項が求められる．

　特に鉄道信号システムにおける特徴として，安全に直接関係するソフトウェ
アと非安全関連ソフトウェアは完全に分離することとしている他，軌道回路に
列車が存在しないときの論理値に 1 を割り付けるなど，安全側と危険側の論
理値を共通に決めている．また，割り込みや使用する OS に制約を設けている
他，実績のある従来からの制御アルゴリズムの踏襲，各種機能試験や故意に特
異な条件を与える安全確認試験，長期にわたる現地試験が実施されている．ソ
フトウェアの先端手法であるフォーマルメソッドの適用については，パリ地下
鉄でフォーマルメソッド B によって開発されたソフトウェアによるシステム
が実用化されている他，鉄道信号システムのデータチェックのための応用につ
いても海外で検討が進められている．

　第二の視点として，ソフトウェアの異常も含めたシステムの故障診断があ
る．鉄道信号システムのソフトウェアにおいては，信号システムの安全機能の

実現のほか，故障診断が特に重要である．ソフトウェアによる故障診断では，ハードウェアの故障およびソフトウェア自体の実行時の異常の検出を行う．CPU，メモリ，入出力回路，エンコーダなどの回路は，ソフトウェアによってそれらのデータを入力することによって診断する．ソフトウェアの実行時の異常については，ソフトウェア自体あるいはハードウェアによって診断する．例えば，異なるアルゴリズムによる結果の照合はソフトウェア自体による検出であり，無限ループあるいは禁止領域へのアクセスなどはハードウェアによって検出される．

　図 4.12 は，ソフトウェアによって入力回路の故障診断を行う例である．入力回路が軌道回路内に列車が存在するかどうか判断するためのものである場合には，同図のリレーには軌道リレーが用いられる．軌道回路のメーク接点(a接点)が構成されていれば入力回路のフォトカプラに正電圧が印加されるためにフォトカプラは ON となり，ラッチ回路からは論理値 0 の信号が出力され，軌道回路内には列車が存在しないと判断される．しかし，フォトカプラなどが ON の状態で故障すると，軌道リレーのブレーク接点(b 接点)が構成されていても，ラッチ回路からは論理値 0 が出力され，軌道回路内には列車が存在しないと判断されることになる．このようなことから，フォトカプラおよびラッ

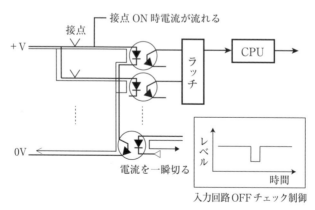

図 4.12　入力回路の故障診断

チ回路からなる入力回路に故障が生じていないことを確認するために，ソフトウェアによってCPU側からフォトカプラをOFFに制御する．入力回路が正常であれば，フォトカプラ出力線がOFFにされたことでラッチ回路からの出力は論理値1となるが，入力回路に故障が生じていればラッチ回路からの出力は論理値0のまま変化しないので，故障診断が可能である．

このようなソフトウェアによる診断は，CPU周辺の電子部品に限らず，システム全体の故障・異常診断もできる．例えば，車輪の回転数を計数して列車速度を算出し，走行位置を決定する処理においては，回転数の急激な変化から車輪の空転や滑走が発生したことを検出し，自列車であれば走行距離を先に延ばし，後続列車に対しては走行位置を増加させないようにすることが安全につながる．このような処理によって，コラムで紹介した列車検出のための軌道回路によらない高度な列車制御が可能になる．

(2) 鉄道信号へのリスク概念の適用

前述したように，フェールセーフ設計の考え方で確立されたマイクロコンピュータ制御の鉄道信号システムにおいてリスクの概念や定量的安全評価の導入が検討されたのは1990年代に入ってからである．この経緯には次のことが関係している[6]．

- EUの鉄道政策の中で，国境境界でのスムーズな列車運転（インタオペラビリティ）を実現するために，鉄道信号システムの機能安全規格（後述するEN 50126，EN 50129など）を制定する必要があった．
- 機能安全の基本規格となるIEC 61508で，SIL（第2章参照）によるリスクの規格化の議論が進められている中，鉄道においてもその概念を取り込む必要があった．

このような背景のもとで2003年に制定（2018年に改訂）された鉄道信号システムの機能安全規格EN 50129には，フェールセーフを基にした設計要件，ラフサイクルによる安全マネジメント，連続モードのSILとそれらの安全機能の平均危険側故障発生頻度が組み込まれている（詳細は**4.1.3項(2)**）．

(3)　鉄道信号の機能安全の特異性

　以上述べた鉄道信号システムにおける機能安全は，他の産業分野における状況と異なる点も多い．

　鉄道事故が発生すれば損失が甚大となるため，鉄道信号システムには高い安全レベルが要求される．鉄道信号システムの設置と運用開始には，各国とも安全管理当局の認可が必要とされるほか，ATC（自動列車制御装置）や連動装置などの重要な保安システムについては，SIL 4 が各国の共通認識であり，危険要因がないこと，正確には潜在リスクが十分に低減されていることを示すことが最重要視される．なお，認可の方法については国の制度によって異なる．

　重要な保安システム以外のシステムにおいては，実状に応じて SIL 3 などが設定される．この SIL の設定については，鉄道信号においては，SIL に相当する保安装置の危険故障発生確率を該当保安システムの利用される条件と関連づけた条件式モデルを作成し，その値が広く受け入れられる個人の死亡確率と一致するときの保安装置の危険故障発生確率から SIL を決定する方法を定めている[5]．

　このように，鉄道信号の機能安全では SIL 4 を中心としたフェールセーフ設計に重点が置かれており，制御システム構成要素のリスク評価によって適切設計を実現するために ASIL の決定に重点を置く**第3章**の自動車の機能安全とは異なる．

　後述する EN 50129 では，定量的なリスクの条件として，故障診断間隔が用いられている．鉄道信号においては定量的な評価も加わっているが，危険な故障が生じる確率 10^{-9} の結果が得られていることで十分とするのではなく，フェールセーフを基本としてシステムを構築し，定量的評価についても満足されていることを確認する．

4.1.3　鉄道信号システムにおける機能安全規格[6]　● ● ● ● ● ● ● ● ● ●

　前述したように，EU の鉄道政策の中で，国境境界でのインタオペラビリティを実現するために，鉄道信号システムの機能安全規格を制定する必要が

あった．具体的には，1990 年代に各国ごとに異なっていた列車制御システム
に代えて新たな共通な列車制御システムである ETCS を開発・導入すること
でインタオペラビリティを実現することを決定したことにより，EU 域内で同
一の安全レベルを確保するために ETCS の機能安全規格が必要になったため
である．

このように，EU では鉄道信号を対象とした機能安全規格の検討が 1990 年
代に始まり，2000 年代の初頭には EN 規格として制定された．これらの規格
には，以下に述べる EN 50126，EN 50129，EN 50128，EN 50159 がある．

鉄道信号の機能安全規格については，これら EN 規格が先行しており，IEC
規格については EN 規格を原案として審議，制定された．そのため，EN 規格
が改定された後に関係 IEC の改定の審議が行われているが，手続き上，時間
的遅れが伴う．このようなことから，鉄道信号を対象とした機能安全規格の表
記について，まず EN 規格を表記し，その後に IEC 規格を（ ）内に表記するこ
ととする．

(1) EN 50126 (IEC 62290) RAMS規格—安全マネジメント

RAMS 規格（EN 50126）[7] は，各システムにおける安全マネジメントのプロ
セスについて，図 4.13 のように，12 のフェーズでどのようなことを実施すべ
きか規定している．

その内容として，図 4.14 に示すように，機能安全規格である IEC 61508 か
ら安全技術に関する要素を除き安全マネジメントのプロセスについてのみ規定
し，各システムの安全技術に関する要件については，それぞれの関係規格で規
定する考え方をとる．このようにすることで，リスクの概念をシステムのアベ
イラビリティに拡張し，鉄道の輸送サービスにも適用することを可能としてい
る．RAMS 規格の R は信頼性，A はアベイラビリティ，M は保全性，S は安
全性を意味し，S と A を支えるものとして M と R が位置づけられている．ア
ベイラビリティとしてシステムダウンによる列車遅延時間が評価され，安全性
レベル（危険な故障が生じる確率 1/h）とともに重要とされる．ただし，RAMS

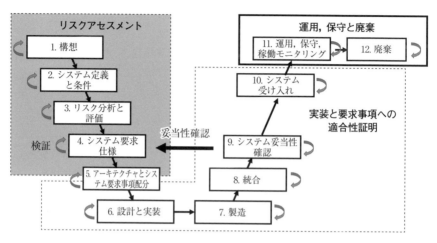

図 4.13　RAMS ライフサイクル

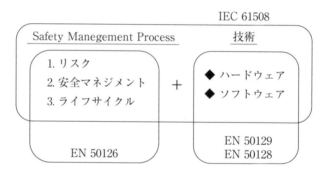

図 4.14　RAMS 規格の安全マネジメント

規格ではこれら評価量については規定しない.

　このように，RAMS 規格については，リスクの概念をシステムのアベイラビリティに拡張し，システムのアベイラビリティが輸送サービスに与える影響についても全ライフサイクルにわたって取り扱うことから，システムにおける安全マネジメントと信頼性マネジメントの両者のプロセスを規定していると捉えることができる.

(2) EN 50129（IEC 62425）セーフティケースおよびハードウェアの安全要件

EN 50129[8]は，導入する鉄道信号システムの安全性が確保されていることを立証するドキュメントであるセーフティケースについて，その構成と内容について規定するとともに，ハードウェア構成上の安全要件を規定する規格である．

セーフティケースは，RAMSライフサイクルの各フェーズで安全確保のために実施した内容をまとめたもので，インフラ設備管理者の受入れや認証機関による規格適合性の認証，安全管理当局による認可の前提となる重要なものである．EN 50129では，図4.15に示すようなセーフティケースの構成と記述すべき内容について規定している．

また，定量的安全性分析と評価に関して，IEC 61508（機能安全規格）では信頼性モデルに基づいた安全機能の平均危険側故障発生頻度によってシステム構成を決定するが，鉄道信号システムにおいては故障が発生した場合には列車を停止させる安全側制御，すなわちフェールセーフの考え方に基づいてシステムを構成する．具体的にこのフェールセーフ設計には，安全側の故障モードを有するコンポーネントの使用（inherent fail-safety），多重構成（composite fail-safety），ダイバーシティ（reactive fail-safety）による3つのフェールセーフの原則が適用される．その後，フェールセーフの考え方で構成したシステムに対し

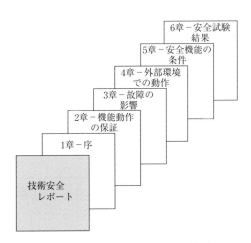

図 4.15　セーフティケースの構成

て，ハードウェア構成だけでなく運用におけるハザードも含めて，安全機能の平均危険側故障発生頻度，すなわち SIL 4 の 10^{-9}/h などの定量的評価値を満足しているか評価を行う．

　この鉄道信号システムにおける定量的分析と評価は，**図 4.16** に示すように，最初のフォールトが発生した後に次のフォールトが発生して危険な出力がシステムから行われる前に，最初のフォールトの発生を検知してシステムを安全状態に遷移させることができるかどうかで判断される．多重系構成の場合の条件式は，

$$SDT \leqq \frac{TFFR}{2(FRA \times FRB)}$$

　SDT：故障診断時間間隔＋安全状態への強制移行時間，

　$TFFR$：安全機能の平均危険側故障発生頻度，

　FRA：A系の故障率，FRB：B系の故障率

で表される．

　また，付録（Annex）において，フェールセーフ設計のために電子部品の故障モードの要件についても規定している．

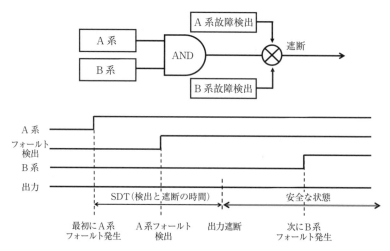

図 4.16　単一故障のフォールト検出と安全状態への強制遷移（多重構成）

　なお，インタオペラビリティではEU域内の各国間での安全に対する合意が必要になるだけでなく，単一市場化も関係することから，EN 50129ではその適合性のアセスメント結果である認証を相互に受け入れるクロスアクセプタンスを考慮した内容となっている．

　EN 50128[9]は，鉄道信号システムのソフトウェアの安全要件を規定する規格である．ソフトウェアの開発，配備，保守などの全ライフサイクルにおける体制，管理，適用する手法などについて規定している．ソフトウェアではプロセスの管理が重要とされ，ソフトウェアライフサイクルの各フェーズにおいて作成すべきドキュメントが詳細に定められている．

(3)　EN 50159（IEC 62280）安全伝送

　コンピュータ制御の信号システムの高機能化には，情報伝送の確保が極めて重要である．電子連動における構内に配置された電子端末間での情報伝送，**4.2節**で紹介するデジタルATCや無線による列車制御システムにおける地上・車上間の情報伝送が相当し，伝送情報の安全を保証することができることによって鉄道信号システムの高機能化が可能になる．

　EN 50159[10]は，安全システムにおいて必要となる安全情報の伝送の安全要件について規定する規格である．情報伝送で考慮しなければならない安全に影響する脅威と，その対策と有効性について示し，伝送送受信端の処理部において実行すべき処理内容について規定している．具体的には，情報伝送における安全は，情報の送信端と受信端の双方に**4.1.2項(1)**で述べたハードウェアとソフトウェアの安全技術を適用した処理部を配置し，それら処理部のソフトウェアで伝送情報の健全性を保証することによって実現する．

　EN 50159では，伝送における脅威とその対策の関係が**表4.1**に示すように示されている．情報伝送における脅威とは通信システムおよび伝送回線における故障によって生じる情報伝送上の事象であり，情報パケットに関して重複，欠落による削除，不正な挿入，順序誤り，情報内容の変化，遅延を考慮する．これらの故障事象への対策として，シーケンス番号，送信時刻情

第4章 鉄道の機能安全

表 4.1　情報伝送における脅威とその対策（EN 50159）

伝送における脅威	伝送における対策 （○：効果あり △：条件あり）							
	シーケンス番号	タイムスタンプ	タイムアウト	発信元,受信先ID	フィードバック電文	ID手続き	安全コード	暗号
重複	○	○						
削除	○							
挿入	○			△	△	△		
順序変更	○	○						
変造							○	○
遅延		○	○					
なりすまし					△	△		○

報，時間超過，発信端・受信端 ID，フィードバック電文，情報，CRC（Cyclic Redundancy Check：巡回冗長検査）などの安全コードを付加する方策をとる．

専用伝送回線ではない無線などにおいては，外部からの不正なアクセスの機会が多いと考えられ，本規格ではカテゴリ3の伝送路と分類してなりすましを考慮に入れる．なりすましには暗号化の方策をとる．

故障事象と対策についての効果の関係については，表 4.1 において○と△によって示されている．

図 4.17 は，情報パケットの構成を示したものである．鉄道信号システムの機能を実現するために必要なユーザアプリケーション情報に加えて，情報伝送における安全を確保するために，表 4.2 の対策に関するデータと安全コードを送信端の鉄道信号システム側で付加する．ここで，安全コードは，鉄道信号のユーザアプリケーションデータ（安全コードを除く）を対象として生成する．多くの場合，安全コードには CRC において情報ビット列を生成多項式で割った余剰多項式から決定される検査ビットを用いる．これら全体を対象とした訂正符号の適用，暗号化については，送受信端を結ぶ通信システム側で行う．

なお，情報伝送における安全確保においては，情報伝送に組み込まれている

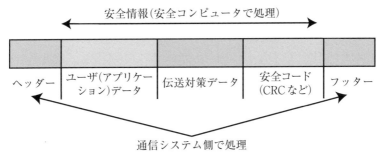

図 4.17 伝送パケットの構成

鉄道信号システムのすべてが把握されていることが必要である．その理由は，故障によって情報伝送ができないのか，あるいは対象とする伝送システムから分離したためにできないのかの判別ができないためであり，無線による列車制御システムでは重要である．

　IEC 61508 Part2 では，情報伝送に関する要求事項がデータコミュニケーションに関する要求事項として規定されている．そこでは，IEC 62280（EN 50129）または IEC 61784-3 に準拠したインタフェースで，データの送受信端に IEC 61508 に準拠したシステムを接続すれば，伝送路はブラックチャネルとして扱うことが可能であるとしている．すなわち，上述した鉄道信号の分野における安全伝送の規格 EN 50159 に準拠したインタフェースとした安全関連システムを送受信端に接続すれば，伝送路における分析は必要としない．

(4) IEC 61508と鉄道信号の安全規格の違い

　以上述べたように，鉄道信号システムはフェールセーフ設計をもとに機能安全を適用している．そのため，IEC 61508 は機能安全の最上位規格であるが，鉄道信号システムの機能安全に関する規格の内容といくつか異なる点がある．

　鉄道信号システムの規格では，フェールセーフ設計とすることを基本とし，安全側の故障モードを有するコンポーネントの使用（inherent fail-safety），多重構成（composite fail-safety），ダイバーシティ（reactive fail-safety）による 3

つのフェールセーフ設計を規定している．また，定量的な分析は，SIL に対応した危険故障発生確率と危険故障が発生する確率を構成素子の故障率と故障診断間隔時間を関係づけて行う．これに対し，IEC 61508 では，信頼性モデルに基づいたハードウェア構成と危険故障発生確率を求めている．

　また，鉄道信号システムでは，認可，認証が求められるため，ハードウェアとソフトウェア，およびそれらの安全マネジメントに関する要求事項が確実に実施されていることを示すセーフティケースに重点を置いている．

　さらに，安全マネジメントについて IEC 61508 から分離，独立した RAMS 規格を制定することで，安全だけでなく，輸送品質などをアベイラビリティとしてリスクに組み込むことを可能としている．

4.1.4　鉄道信号システムの認可 ● ● ● ● ● ● ● ● ● ● ● ● ● ● ● ●

　前述したように，鉄道信号システムには高い安全レベルが求められており，その実使用にあたっては，各国とも安全管理当局による認可が必要とされる．日本においては，鉄道信号システムの使用開始にあたって国土交通省に認可申請をし，認可を受けなければならない．その認可は，申請した鉄道信号システムが鉄道に関する技術上の基準を定める省令に適合しているかどうかによって判断される．

　海外においても，同様に各国の安全管理当局が定める規定，基準に適合しているかどうかによって認可が行われるが，鉄道信号の機能安全規格の位置付けについては，国，地域による違いがある．

　ヨーロッパにおいては，EU 域内のインタオペラビリティを実現するために共通な列車制御システム ETCS のインタオペラビリティ仕様（ITS）を定めている．この ITS では，**4.1.3 項**で述べた EN 50126，EN 50129，EN 50128，EN 50159 の 4 規格を強制力がある適合規格として定め，評価機関の認証を必要としている．さらに，インタオペラビリティに直接関係しない連動装置についても，4 規格については同様に適用が求められている．各国の安全当局は，評価機関の認証を前提として，それぞれの規定，基準を基に認可を行っている．

4.1.5　鉄道信号システムの機能安全の課題 ● ● ● ● ● ● ● ● ● ● ● ● ● ● ● ●

　鉄道信号システムは，フェールセーフ設計技術とそれをベースとしたコンピュータ制御の安全技術によって高い安全レベルを実現してきた．しかし，現行のフェールセーフ技術のように，不具合が生じた場合にはただちに列車を止めるのではなく，列車運行の継続を可能とする，よりディペンダブルなシステム構築が必要である．このディペンダブルなシステムでは，大規模な異常に対する適応力，回復力も今後の鉄道信号システムの新たな評価項目となる．

　また，機能安全による高度な機能を有するシステムの開発が今後進められ，複雑化するシステムにおけるソフトウェアの役割がより重要になると考えられる．このようなシステムでは，安全を確保するために必要な安全要件を欠落することなく抽出し，組み込まなければならないが，大規模・複雑システムにおいては，安全要件の完全性を保証することは容易ではない．GSN（Goal Structuring Notation）は，1990 年代に北海油田での複雑な事故原因分析の過程でヨーク大学から提案された手法で，必要不可欠な安全要件の抽出や安全立証にも適用することができる[11]．GSN は FTA と類似しているが，FTA では上位から下位への展開について説明情報がないのに対して，GSN では展開に明確な説明が求められる点が異なる．このような展開における説明情報が論理の飛躍や矛盾を避けることが期待でき，欠落なく安全要件を抽出する保証原理にはならないものの安全要件の完全性に貢献する．

　今後，セキュリティが重要になると考えられる．安全は意図的ではない故障や誤動作からの防護であるのに対して，セキュリティは意図的な攻撃からの防護である点で，安全とセキュリティは大きく異なる．現在，EN 50126 の RAMS ライフサイクルと，産業オートメーション・制御システムのセキュリティ規格である IEC 6244-3-2 と IEC 6244-3-3 のセキュリティ要件を組み込んだ技術資料 TS 50701 が 2020 年に発行された．本技術資料は，数年後に EN 50126 などと同等の鉄道セキュリティ規格としての制定が予定されている．

4.2

鉄道における機能安全の事例

　4.1節では，鉄道信号システムの電子機器導入における基本的な考え方を述べた．鉄道信号システムにおける電子機器の導入は国鉄末期（1980年代後半）から徐々に進み，現在に至るまで電子機器を用いたさまざまなシステムが開発・導入されてきた．

　鉄道システムは，車両と線路や電力，信号，通信など複数のシステムを組み合わせたトータルシステムである．そして，駅中間で列車を適正な間隔に保ち衝突を回避し（間隔制御），分岐を含む駅構内で所定の進路を確保し脱線や列車間の衝突を防ぐなど（進路制御），安全・安定な運行の根幹を支える仕組みが鉄道信号システムであるといえる．

　そして「列車制御システム」[14]は，間隔制御・進路制御の両面において，確実に列車を減速あるいは停止させる仕組みであり，鉄道信号システムにおける重要なサブシステムとなる．古くは運転士が信号や運転速度を確認し，自らブレーキをかけることにより事故を防ぐことが基本であったが，人間の注意力だけに頼ると事故の発生は避けられない．そのため，列車間の間隔や進路条件に基づき，自動的に列車のブレーキ制御を行い，運転をサポートする仕組みである「列車制御システム」が開発・実用化されてきた．

4.2.1　列車制御システムとは ● ● ● ● ● ● ● ● ● ● ● ● ● ● ● ● ● ● ●

　新幹線のATC（Automatic Train Control system：自動列車制御装置）に代表される日本の列車制御システムは，長年にわたり極めて高い安全性と信頼性を維持してきた．

　在来線においては，1961年に開業した帝都高速度交通営団（現・東京地下鉄）日比谷線に導入された「地上信号方式」のATCを皮切りに，アナログ電子回路を用いたATCが首都圏の稠密線区を中心に順次展開された．

　その後，JR東日本管内の京浜東北線・山手線のアナログ方式のATCの老朽

化による取替にあたって開発されたのが，デジタル技術を活用した「D-ATC（Digital ATC）」である．D-ATC は京浜東北線・山手線全線において導入され，ラッシュ時間帯の運転間隔の短縮・混雑緩和に寄与している．

さらにこの D-ATC を進化させたのが，無線技術をベースにした列車制御システム「ATACS（Advanced Train Administration and Communications System）」であり，仙石線において 2011 年から第 1 号機，埼京線において 2017 年から第 2 号機が稼動している．ATACS は列車の位置検知に従来から使用しているレールを用いた列車検知（軌道回路）を使用しないため，地上インフラの大幅なスリム化が実現できる．

このように列車制御システムは，世の中の優れた技術を取り入れることにより常に機能向上・低コスト化を図ってきた．

なお，海外ではドイツやスイスで使用されている LZB（LinienZugBeeinflussung）や，フランスで使用されている TVM（Transmission Voie-Machine）など，交差誘導線やレールを情報の伝送媒体に使用した列車制御システムが長らく導入されてきたが，昨今は ERTMS/ETCS（European Railway Traffic and Management System / European Train Control System）という欧州共通の仕様である新しい列車制御システムの導入が進んでいる（ETCS のアプリケーションレベルは 3 段階に分かれており，レベル 2・3 では地上～車上間の情報伝送に無線を使用）．また，地下鉄やモノレールなどの都市鉄道においては，CBTC（Communication Based Train Control）と呼ばれる同じく無線を活用した列車制御システムが世界中で導入されるなど，海外においても無線を利用した列車制御システムの導入が進んでいる．

列車制御システムは，「地上システム」と「車上システム」の大きく 2 つに分けられ，その間を「伝送」により連携しながらシステム全体として高い安全性・信頼性を確保している．ここでは，「アナログ ATC」，「D-ATC」，「ATACS」の 3 つの異なる列車制御システムの概要に触れるとともに，これらがどのような手法で高い安全性・信頼性を実現しているか紹介する．

（1）　アナログATC

　鉄道信号分野においては電子機器が導入される以前は，リレー（継電器）のもつ「非対称誤り特性」を利用して，異常時には列車を止めるというフェールセーフな機能を実現してきた．アナログATCは，アナログ方式の電子回路をベースにしつつも，主要な論理回路においては，過去から実績のあるリレーを用いて安全性を実現している．

　地上から車上への情報伝送に用いるATC信号にはAM断続変調波（搬送波：2850～3750Hz，変調波：10～77Hz）が使用されている．変調波は先行列車の位置や進路の開通状況に応じて進路ごとに作成された許容速度信号と一対一に対応しており，車上先頭下部に設置されたアンテナによりレール上を流れるATC信号を受信後，自列車の速度と許容速度の比較結果に基づきブレーキの制御を行う（**図4.18**）．

　なお，ATC信号は列車検知信号も兼ねており，受信回路で受信レベルをチェックすることにより列車の在線／非在線を検知している．

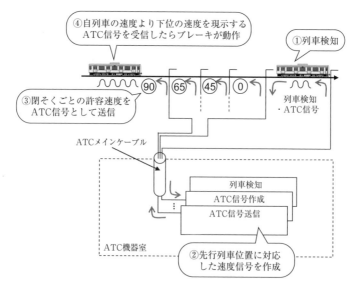

図4.18　アナログ ATC の概要

(2) D-ATC

D-ATC[13]の地上装置・車上装置は，**4.1**節で述べたようなフェールセーフ設計で構成され，ソフトウェアによって次のような処理を行っている．

ATC信号にはMSK(Minimum Shift Keying)変調波(搬送波：11.9，13.1kHz，偏移：±75Hz)によるデジタル電文を使用する．デジタル電文は，先行列車の位置や進路の開通状況に応じて作成される停止点情報(列車の停止すべき位置情報)を含むため，この情報に基づいて車上に搭載したデータベースより速度照査パターンを検索する．自列車の位置は車軸に取り付けた速度発電機のパルスカウントにより積算し，速度照査パターンと自列車の位置および速度の比較結果に基づき適切なブレーキ制御を行っている(**図 4.19**)．

なお，アナログATCと異なり，列車検知にはATC信号とは別のMSK変調波(搬送波：17.9 ～ 25.2kHz，偏移：±75Hz)を使用している．D-ATCは自列車位置を細かく連続的に把握できることや，地上からのATC信号に加え，車上に搭載したデータベースにより，許容速度がアナログATCのように離散的(階段状)でなく連続的(パターン)であることにより，乗り心地や運転操縦性

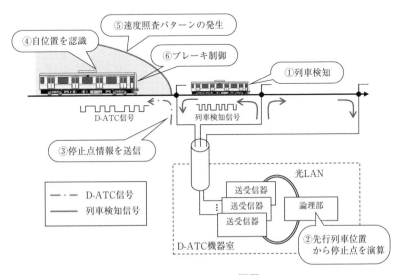

図 4.19　D-ATC の概要

を向上させるほか，列車の運行間隔をより短くすることが可能となる．

(3)　ATACS

　ATACS[14]の地上装置・車上装置は，D-ATC と同様にフェールセーフ設計で構成され，ソフトウェアによって次のような処理を行っている．

　地上〜車上間の信号伝送には 400MHz 帯，π/4 シフト QPSK 変調の無線信号を用いて情報授受を行っている．自列車の位置検知は D-ATC と同じく速度発電機(または検知性能を向上させた速度センサ)により行うが，その位置情報は地上の無線基地局・拠点装置を介して後続の列車にも送られる．後続列車はこの情報に基づき停止限界(列車の停止すべき位置情報)の算出を行うため，軌道回路による列車検知が不要となり設備のスリム化が可能となる(**図 4.20**)．

　アナログ ATC や D-ATC と異なり，ATACS は先行列車位置を細かく連続的に把握することができるため，列車の運行間隔をより短くすることができる．また，無線を使用して地上〜車上間で双方向の情報伝送が可能という特長

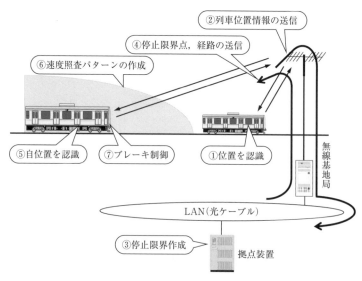

図 4.20　ATACS の概要

を生かし，従来地上側に設置された列車検知センサ（軌道回路など）に頼って固定的なタイミングで開閉の制御を行っていた踏切についても，踏切〜列車間で情報伝送を行うことで，列車走行速度に応じた最適なタイミングで踏切の開閉制御を行うことができるなど，道路通行者にとってもメリットがあるシステムとなっている．

4.2.2　列車制御システムにおける安全性の実現手段 ● ● ● ● ● ● ● ● ● ●

前述したように，列車制御システムはデジタル技術・無線技術などの技術進化を取り入れながら，運転操縦性の向上，運転間隔の短縮，地上設備のスリム化，旅客や道路通行者に対する利便性の向上など，さまざまな機能向上を実現してきた．そして，これらの機能を実現する技術の進化に伴い，安全性を実現する技術も同時に進化させてきた．

本項では，列車制御システムにおける具体的な安全性の実現手段について紹介する．

（1）　アナログATC

1）　地上装置

前述したように，アナログ ATC において，信号の制御論理はリレー回路によって実現している．鉄道信号用のリレー[15]は構造的に非対称誤り特性を有しているため，エネルギー順位が高いほう（コイルが励磁されている状態：N接点）を危険側の条件に割り当てることで，極めて高い安全性（危険側故障が10^{-9}/h 以下）を実現している（図 4.21）．

また，列車の在線を検知する軌道回路の受信部には三重系多数決回路（2 out of 3）をリレー結線（1〜3系のいずれか2つの系が接点を構成すれば軌道リレーに電圧がかかり動作する）により組んでおり，安全性と同時に信頼性も確保する方式を採用している（図 4.22）．

2）　車上装置

車上装置は ATC 信号を受信し，自列車の速度照査の結果と比較したうえで

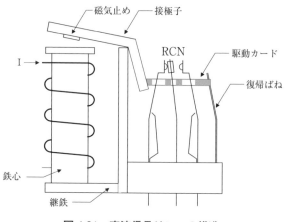

図 4.21 直流信号リレーの構造

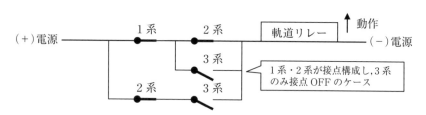

図 4.22 アナログ ATC の三重系多数決回路

ブレーキ制御を行うが，ATC 信号受信部，速度照査部，ブレーキ制御部については，それぞれアナログの電子回路を用いた三重系多数決処理 (2 out of 3) を用いている．最終的なブレーキ制御出力については，さらに安全性を向上させるため，機器誤差などにより，いずれか1つの系だけブレーキ出力があった場合に多数決で却下されないよう，また故障と見なされ系が切り離されることのないよう，速度照査信号を一時的に機器誤差相当分引き下げるなどの論理をもたせることでさらに安全性・信頼性を確保している．

(2) D-ATC

1) 地上装置

ATC・TD 信号の作成などの処理は「論理部」で行う．この装置は JR 東日本で開発された東京圏輸送管理システム（ATOS：Autonomous decentralized Transport Operation control System）で実績のある三重系の汎用コントローラで構成され，タスクレベルで多数決処理を行うことにより，安全性（危険側故障が 10^{-9}/h 以下）とともに信頼性を確保する構成となっている（図 4.23）．

論理部で作成された ATC・TD 信号は光 LAN を経由し，「送受信器」の DSP において MSK 変調処理された後にレールへ送信されるが，送受信器自体は汎用電子機器であり，伝送経路上の異常やノイズ混入をフェールセーフに検出できないため，以下のようにシステム全体として安全性を担保する仕組みを構築している．

① ATC 信号

論理部において 8bit の通番（処理サイクルごとに 1 ～ 255 まで変化）および CRC の検査ビット列の 16bit を ATC 信号に付加したうえでレールへ送信する．フェールセーフな車上装置でこれらのチェックを行うことで，データ未更新やノイズ混入により生じるエラーを確実に検出することが可能となる．

② TD 信号

論理部において 8bit の通番（処理サイクルごとに 1 ～ 255 まで変化）に奇数パリティを 1bit 付加し，さらに「プレフィックスコンマフリー（フラグとして

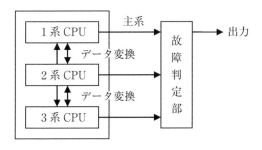

図 4.23　D-ATC の三重系多数決回路

"1111" を付けた後に "0" を挿入．その後はデータ 3bit ごとに "0" を挿入)」を付加したうえでレールへ送信する．論理部へ戻ってきたデータはその逆の手順を行い，8bit の通番のチェックを行い，送信した信号との一致を確認したうえで採用する．

　なお，送受信部については信頼性向上のために二重系の冗長構成となっており，待機系については動作系と同様の動作を常時行う「ホットスタンバイ」方式を採用している．

2）　車上装置

　車上装置はフェールセーフな二重系ボードを1ユニットとして，2ユニットの冗長構成（デュアル・デュプレックス構成）とすることにより安全性・信頼性を確保している．車上に搭載したデータベースへのアクセスはハード的には一重系であるが，データ格納 ROM の SUM チェックを行い，データ誤り時の検出を可能とするとともに，アクセス単位に CRC を付加し，フェールセーフな二重系ボードでチェックすることで安全性（危険側故障が 10^{-9}/h 以下）を確保している．

(3)　ATACS

1）　地上装置

　ATACS の地上装置は「拠点装置」と呼ばれ，列車制御機能に加え連動機能を有し，D-ATC 同様に ATOS で実績のある三重系多数決処理の汎用コントローラで構成される．車上制御装置との情報伝送は「無線基地局」を介して行うが，無線基地局自体は伝送経路上の異常やノイズ混入により生じるエラーをフェールセーフに検出できないため，D-ATC 同様に誤り検出・誤り訂正機能や通番を付加することによりシステム全体として安全性・信頼性を担保する仕組みを有している．

　また，無線の場合は特に「盗聴・改ざん・なりすまし」に対するリスクも十分に考慮する必要があるため，従来（特に専用回線を使用した場合）に比べさらに高レベルの対策を実施している．

① 合理性チェック

- 通番(1 ～ 255 の連続番号)の付加
- 列車位置情報の追跡管理

② 伝送誤り

- ダイバーシティ(複数のアンテナで同一信号を受信し，電波状況の優れたアンテナの信号を優先的に用いる技術)による受信
- 誤り検出符号の付加(FCS/CRC Frame Check Sequence / Cyclic Redundancy Check)
- 誤り訂正符号の使用(符号化 / 復号にリードソロモン符号を使用)

③ 暗号化

- 128bit の鍵による暗号化(複数の鍵を所有し，中央から一斉に鍵を変更可能)

2) 車上装置

D-ATC と同じく，ATACS の車上装置はフェールセーフな並列二重系ボードを 1 ユニットとして，2 ユニットを二重系の冗長構成(デュアル・デュプレックス構成)とすることにより安全性・信頼性を確保している．

3) 踏切装置

前述したように，ATACS は踏切～車上間の情報伝送によって，踏切の開閉タイミングを最適にコントロールするという機能を有する．この機能は道路通行者にとってメリットがあると同時に，踏切の安全性向上にも寄与している．

通常の踏切は，地上側に設置されたセンサにより列車の位置のみによって踏切の鳴動制御を行い，ATC としては特に制御は行っていない．しかし，ATACS では踏切に対して停止パターンを発生させるとともに，列車位置および速度に応じて最適なタイミングで踏切の鳴動制御を行う．踏切に対する停止パターンは，踏切のしゃ断完了により解除され，踏切の通過が可能となる．一連の流れを図 4.24 に示す．このことにより，従来センサ故障や踏切制御装置の故障により踏切しゃ断完了前に列車が通過するといったトラブルを未然に防ぐことができ，踏切の安全性向上にも大きく寄与している．

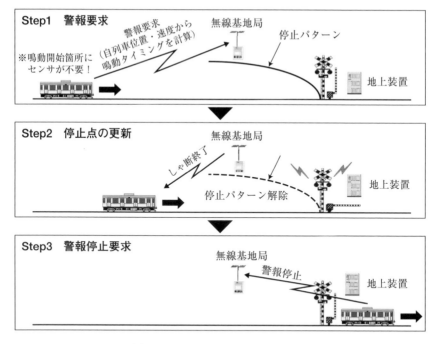

図 4.24　ATACS における踏切制御

4.2.3　列車制御システムと自動運転 ● ● ● ● ● ● ● ● ● ● ● ● ● ●

　前述したように，鉄道における自動運転は，ATC のもつ高い安全性を担保とし，ATC 自体とは異なる「ノンバイタルな機能」の一つとして進化・発展してきた．

　前項までで例として挙げた JR 東日本における「アナログ ATC」，「D-ATC」「ATACS」のような ATC は，常にその時代における最新技術を取り込む形で，ユーザや鉄道事業者のニーズ(高機能化，運行間隔の短縮，設備のスリム化など)に合わせて進化を続けてきた．そして，自動運転に求められる機能やその実現手法も ATC の進歩に合わせて様々に進歩してきた．

　従来鉄道における自動運転は，「ゆりかもめ」などの新交通システムや，高架区間を走行するなど「人などが容易に立ち入ることができない」，「踏切など

が存在しない」,「隣接を走行する他線区が存在しない」など,いわゆる「ク
ローズした線区」に限定して導入されてきた.しかし近年では,少子高齢化に
よる労働人口・旅客の減少やテレワークの普及,固定費率の高い鉄道の収支構
造の見直しの必要性などから,新交通システムや地下鉄だけでなく,一般の鉄
道においても自動運転のニーズが高まっている.

　しかし,地平を走行し,踏切も横断するような一般の鉄道において,完全無
人の自動運転を実現するためには,「線路内への人などの侵入をどうやって防
ぐか」,「線路内に支障物があった場合どうやって発見するか」,「脱線などが起
こった場合の隣接する他線区への通知はどうするか」など,従来の新交通シス
テムや地下鉄などでは存在しなかった新たな要件に対応する必要が生じる.こ
れらの新たな要件に対応するには,技術開発や大規模な設備改修を実施し,並
行して運用方法の整理や省令などの整備を進める必要があるが,それらに加え
て「いかにして社会的受容を得るか」ということも並行して考える必要があ
る.この点においては,自動車の自動運転の導入と非常に似ており,社会に対
してどのように説明責任を果たしていくべきか,という観点が重要となる.社
会的受容のレベルは固定的なものではなく時代を追うごとに変化するため,関
係者による真摯な議論を進めていく必要があると考える.

第4章の引用・参考文献

[1]　日本鉄道電気技術協会編:『鉄道信号技術』,オーム社,2020年.
[2]　山本正宣,高橋聖,中村英夫:「鉄道信号における信頼性と安全性」,『信学技
　　報』,DC2006-77,2006年.
[3]　奥村幾正,渡辺勝利:「フェイルセイフ形電子連動装置を用いた鉄道信号用連
　　動装置に関する研究」,『鉄道研究所報告』,No.803,1972年.
[4]　中村英夫,武子淳:「保安制御計算機システムのフォールトトレランス設計」,
　　『鉄道総研報告』,Vol.7,No.5,1993年.
[5]　南谷崇:『フォールトトレランスコンピュータ』,オーム社,1991年.
[6]　平尾裕司:「EUにおける鉄道の安全確保の構造−安全マネジメントと技術の両
　　面からのアプローチ」,『信頼性』,Vol.43,No.6,pp.326-331,2021年.
[7]　EN 50126-1：2017"Railway Applications−The Specification and Demonstration

of Reliability, vailability, Maintainability and Safety（RAMS）"

［8］ EN 50129：2018" Railway applications－Communication, signalling and processing systems － Safety related electronic systems for signaling"

［9］ EN 50128：2011"Railway applications－Communication, signalling and processing systems－Software for railway control and protection systems"

［10］ EN 50159：2010"Railway applications－Communication, signalling and processing systems－Safety-related communication in transmission systems"

［11］ Goal Structuring Notation Community Standard（Version 3.1）：2021"Safety-Critical Systems", SCSC-141C

［12］ 川野卓, 松本雅行：「列車制御システムの安全性と信頼性」,『信頼性』, Vol.30, No.7, pp.578-583, 2008 年.

［13］ 川野卓, 松本雅行, 八木圭介, 田代維史, 網谷憲晴：「D-ATC システムのデジタル電文の安全性」,『電気学会産業応用部門大会講演論文集』, 2001 年.

［14］ 馬場裕一, 立石幸也, 森健司, 青柳繁晴, 武子淳, 齋藤信哉, 鈴木康明, 渡邊貴志：「無線による列車制御システム（ATACS）」,『JR EAST Technical Review』, No.5, pp.31-38, 2003 年.

［15］ 奥村幾正, 佐々木敏明：「フェールセーフ考」,『OHM』, オーム社, 2013 年.

索　引

監修者紹介

益 田 昭 彦（ますだ　あきひこ）

1940 年川崎市生まれ．電気通信大学大学院博士課程 修了．工学博士．

日本電気㈱にて通信装置の生産技術，品質管理，信頼性技術に従事（本社主席技師長）．帝京科学大学教授，同大学大学院主任教授，日本信頼性学会副会長，IEC TC 56 信頼性国内専門委員会委員長などを歴任．

現在，信頼性七つ道具（R7）実践工房 代表，技術コンサルタント．

主な著書に，『品質保証のための信頼性入門』（共著，日科技連出版社，2002 年），『新 FMEA 技法』（共著，日科技連出版社，2012 年）がある．

工業標準化経済産業大臣表彰，日本品質管理学会品質技術賞，日本信頼性学会奨励賞，IEEE Reliability Japan Chapter Award（2007 年信頼性技術功績賞）．

鈴 木 和 幸（すずき　かずゆき）

1950 年渋谷区生まれ．東京工業大学大学院博士課程 修了．工学博士．

電気通信大学 名誉教授，同大学大学院情報理工学研究科 特任教授．

主な著書に，『信頼性・安全性の確保と未然防止』（日本規格協会，2013 年），『未然防止の原理とそのシステム』（日科技連出版社，2004 年），『品質保証のための信頼性入門』（共著，日科技連出版社，2002 年）がある．

Wilcoxon Award（米国品質学会，米国統計学会，1999 年），デミング賞本賞（2014 年）．

二 川　　清（にかわ　きよし）

1949 年大阪市生まれ．大阪大学基礎工学部物性物理工学科卒業，同大学院修士課程修了．工学博士．

NEC，NEC エレクトロニクス，大阪大学などで信頼性の実務と研究開発に従事．

現在，デバイス評価技術研究所 代表．

主な著書に『半導体デバイスの不良・故障解析技術』（編著，日科技連出版社，2019 年），『はじめてのデバイス評価技術 第 2 版』（森北出版，2012 年），『新版 LSI 故障解析技術』（日科技連出版社，2011 年）がある．

信頼性技術功労賞（IEEE 信頼性部門日本支部），論文賞（レーザ学会）などを受賞．

編著者紹介

伊 藤　誠（いとう　まこと）　全体編集，第 1 章執筆担当

1970 年生まれ．筑波大学第三学群情報学類卒業．博士（工学）．

現在，筑波大学システム情報系教授．

主な著書に，『安全・品質問題と信頼』（日科技連出版社，2016 年），『交通事故低減のための自動車の追突防止支援技術』（共編著，コロナ社，2015 年）がある．

IEEE SMC Society A. P. Sage Best Transaction Paper Award，日経品質管理文献賞，計測自動制御学会論文賞（友田賞），ヒューマンインタフェース学会論文賞などを受賞．

金 川 信 康（かねかわ　のぶやす）　全体編集，第 2 章執筆担当

1961 年生まれ．東京工業大学大学院理工学研究科修士課程（制御工学専攻）修了．博士（工学）．

1987 年，㈱日立製作所　日立研究所入所．現在，研究開発グループ　制御・ロボティクスイノベーションセンタ　シニア社員．1991 ～ 1992 年 UCLA Computer Science 学科 Visiting Scholar．主として宇宙用，産業用各種フォールトトレラントシステムの研究開発に従事．

電子情報通信学会ディペンダブルコンピューティング（DC）研究専門委員長（2014 ～ 2016 年），同フェロー（2018 年），日本信頼性学会会長（2016 ～ 2018 年）．IFIP（情報処理国際連合）TC.10（Computer Systems Technology），WG.10.4（Dependable Computing and Fault Tolerance）各メンバー．情報処理学会 IFIP 日本代表委員．IEC TC 65 SC 65A／MT 61508（機能安全規格），SC 65A／WG 17（ヒューマンファクターと機能安全），WG 20（Framework to bridge the requirements for safety and security），各国際エキスパート．IEEE Senior Member．

主な著書に，『信頼性ハンドブック』（共著，日科技連出版社），『新版 信頼性ハンドブック』（共著，日科技連出版社），*Dependability in Electronic Systems*（共著，Springer，2014）などがある．

著者紹介

石 郷 岡 祐（いしごうおか　たすく）　3.1 節執筆担当

1983 年生まれ．武蔵工業大学大学院修士課程修了．名古屋大学大学院博士後期課程修了．博士（情報学）．

2008 年，㈱日立製作所 日立研究所入社．2013 年日立ヨーロッパ出向，2015 年帰任．現在，日立 Astemo ㈱（出向）．

エンジン，ブレーキ，インバータ，車載ゲートウェイ，AD/ADAS ECU に関する機能安全，AUTOSAR，マルチコア対応ソフトウェア開発技術の研究開発に従事．ダルムシュタット工科大学，ブラウンシュヴァイク工科大学，フラウンホーファー，東京大学ほか，多くの共同研究経験をもつ．自動車機能安全カンファレンス 2021 基調講演を担当．IEEE，情報処理学会会員．情報処理学会組込みシステム研究会運営委員．

金 子 貴 信（かねこ　たかのぶ）　3.2 節執筆担当

1958 年生まれ．慶應義塾大学工学部計測工学科卒業．

自動車メーカ，サプライヤなどで，車両のセンシング技術，シャシー制御，通信を用いたプローブカーや ITS 標準化などの研究に従事．

2008 年 2 月，（一財）日本自動車研究所入所，ISO 26262 機能安全規格の解釈や ASIL 評価のための判断材料に関わる研究に従事．現在，機能安全グループシニアエキスパート．

川 野　　卓（かわの　たかし）　4.2 節執筆担当

1968 年生まれ．東京理科大学理工学部卒業．長岡技術科学大学大学院工学研究科博士課程修了．博士（工学）．

1991 年 4 月，東日本旅客鉄道㈱入社，（財）鉄道総合研究所（出向）にてデジタル方式の ATC（自動列車制御装置）の研究，その後同社にて山手線・京浜東北線 D-ATC（Digital-ATC）システム開発・導入に従事．現在，国際事業本部 標準化戦略・推進部門長．

主な著書に『信号システムの進歩と発展』（共著，日本鉄道電気技術協会，2009年），『新版 信頼性ハンドブック』（共著，日科技連出版社，2014 年），『はじめての STAMP/STPA』（共著，情報処理推進機構，2016 年）がある．

信頼性学会理事，電気学会会員，英国 IRSE（Institution of Railway Signal Engineers）フェロー．

● ● **監修者・著者紹介**

平尾 裕司（ひらお　ゆうじ）　4.1節執筆担当

1953年生まれ．函館工業高等専門学校電気工学科卒業．博士（工学）東京大学．

鉄道総合技術研究所で列車制御システムの研究開発に従事，長岡技術科学大学技術経営研究科長，システム安全専攻長・教授．

現在，長岡技術科学大学名誉教授，IRSE（Institution of Railway Signal Engineers）Vice President．

福田 和良（ふくだ　かずよし）　3.2節執筆担当

1967年生まれ．東京電機大学工学部応用理化学科卒業．

電機メーカ，半導体メーカで，液晶ディスプレイ向IC，携帯電話向LSI，自動車向LSIなどの開発やISO 26262機能安全規格対応組織構築に従事．

2013年11月（一財）日本自動車研究所入所，ISO 26262共同研究で機能安全規格の解釈や実運用課題の研究に従事．現在，機能安全グループ主席研究員．

■信頼性技術叢書

機能安全の基礎と応用
―自動車・鉄道分野を通して学ぶ―

2022 年 8 月 30 日　第 1 刷発行
2024 年 1 月 26 日　第 2 刷発行

監修者　信頼性技術叢書編集委員会
編著者　伊藤　誠　金川信康
著　者　石郷岡祐　金子貴信　川野　卓
　　　　平尾裕司　福田和良
発行人　戸羽節文
発行所　株式会社日科技連出版社
　　　　〒 151-0051 東京都渋谷区千駄ヶ谷 5-15-5
　　　　　　　　 DS ビル
　　　　電話　出版 03-5379-1244
　　　　　　　営業 03-5379-1238
　　　　URL　https://www.juse-p.co.jp/

印刷・製本　河北印刷株式会社

ISBN978-4-8171-9764-1